Malek Abunaemeh

Técnicas de investigação de dispositivos acoplados com carga (CCDS)

Malek Abunaemeh

Técnicas de investigação de dispositivos acoplados com carga (CCDS)

ScienciaScripts

Imprint

Any brand names and product names mentioned in this book are subject to trademark, brand or patent protection and are trademarks or registered trademarks of their respective holders. The use of brand names, product names, common names, trade names, product descriptions etc. even without a particular marking in this work is in no way to be construed to mean that such names may be regarded as unrestricted in respect of trademark and brand protection legislation and could thus be used by anyone.

Cover image: Disponibilizado pelo autor

This book is a translation from the original published under ISBN 978-620-7-46295-7.

Publisher:
Sciencia Scripts
is a trademark of
Dodo Books Indian Ocean Ltd. and OmniScriptum S.R.L publishing group

120 High Road, East Finchley, London, N2 9ED, United Kingdom
Str. Armeneasca 28/1, office 1, Chisinau MD-2012, Republic of Moldova, Europe
Printed at: see last page
ISBN: 978-620-7-71196-3

Conteúdo

Bismillah al-Rahman al-Rahim "Em nome de Deus, o Clemente, o Misericordioso"
Dedico-o ao meu pai, Amir Abunaemeh; à minha mãe, Basemah Haqi; aos meus irmãos, Rahaf, Kareem e Abdul Majeed; à minha mulher Claudia; ao meu filho, Amir Abunaemeh II e a todos os que acreditaram e fizeram parte deste percurso do princípio ao fim. A todos com amor e respeito. Roll Tide

TÉCNICAS DE INVESTIGAÇÃO DE

DISPOSITIVOS DE COUPLADO CARREGADO (CCDs) DE ALTA RESISTIVIDADE, CANAIS P

A fotometria e a astrometria efectuadas com dispositivos de carga acoplada (CCD) nos planos focais de grandes telescópios são ferramentas indispensáveis da cosmologia, astrofísica e astronomia observacionais modernas. Na era moderna da cosmologia de precisão, as variações na sensibilidade sub-pixel e na resposta espetral dos CCDs podem afetar o rendimento científico das observações e devem ser caracterizadas. Infelizmente, há muito poucos estudos para medir as variações da resposta sub-pixel dos CCDs, particularmente no contexto da cosmologia observacional. O objetivo deste estudo é efetuar a primeira medição da fidelidade fotométrica e astrométrica de CCDs de canal p de alta resistividade. Estes dispositivos foram seleccionados para as principais missões de cosmologia observacional, tais como o satélite espacial Supernova Acceleration Probe (SNAP) e o Dark Energy Survey, em terra. Foi realizado um estudo experimental para efetuar medições detalhadas das variações de resposta intrapixel destes dispositivos com uma precisão superior a 2%, que é o nível de precisão exigido para as missões acima mencionadas. Um CCD de 300 pm de espessura, 10,5 pm de distância entre píxeis, formato 1,4k*1,4k, alta resistividade, canal p, operado totalmente esgotado, foi iluminado por um projetor pinhole de 1,3 pm. O ponto iluminado foi movido em passos sub-pixel através de vários padrões para medir várias propriedades do dispositivo, incluindo a difusão lateral da carga, as variações de sensibilidade intrapixel, a difusão efectiva perto da borda da região ativa do dispositivo, onde as linhas de campo elétrico no dispositivo podem divergir, para testar o desempenho fotométrico de uma nova técnica para a aquisição de observações astronómicas dithered cunhada "CCD Phase Dithering". Foi determinado que as variações de sensibilidade intrapixel eram inferiores a ± 0,5% na maioria dos casos. A difusão lateral no dispositivo foi medida como sendo de 7,41 цш no centro do dispositivo, consistente com as previsões teóricas. O espalhamento de carga perto da borda do dispositivo resultou em um aumento efetivo da difusão lateral de " 19% na direção vertical e nenhuma difusão adicional na direção x. A comparação do desempenho fotométrico das imagens normalmente dithered com as imagens phase dithered revelou uma diferença média de apenas 0,33%, sendo o desvio entre execuções de 0,06% para as dithered e de apenas 0,19% para as phase dithered. Concluímos que as implicações para a realização de experiências de cosmologia de precisão, como a Cosmologia de Supernova Ia e o Gravitational Weak Lensing, não são afectadas negativamente pelas variações de sensibilidade intrapixel nestes dispositivos; no entanto, deve ser considerada uma maior difusão lateral perto dos bordos do dispositivo. Além disso, as melhorias na fidelidade fotométrica e astrométrica destes detectores, proporcionadas pelo processo normal de pontilhamento, estão disponíveis através da técnica mais eficiente de pontilhamento de fase do CCD.

AGRADECIMENTOS

O culminar da minha formação pós-graduada não teria sido possível sem a ajuda de várias pessoas que merecem ser mencionadas. Em primeiro lugar, quero agradecer ao meu orientador de investigação, Dr. Hakeem M. Oluseyi, por me ter aceite como estudante de mestrado. Tem sido um mentor, um verdadeiro amigo e um irmão mais velho. Tive a sorte de o ter como orientador. O que aprendi contigo não tem preço e beneficiar-me-á para o resto da minha vida. É graças a ti que sei a diferença entre saber e não saber. Gostaria também de agradecer aos membros do meu comité, a começar pelo Dr. Abdalla Elsamadicy, que foi como um pai para mim. Nunca estaria onde estou agora sem a sua bênção. A sua sabedoria e os seus conselhos prepararam o caminho para o meu futuro. Dr. Yoshi Takahashi, que cuidou de mim desde que fui admitido na UAH. Deu-me o poder de saber e dizer "porquê". E, finalmente, o Dr. Emmanuel Waddell, que me acompanhou ao longo desta maravilhosa viagem com os seus conhecimentos e conselhos.

Numa nota especial, gostaria de agradecer aos meus pais, Amir e Basemah Abunaemeh, a quem esta tese é dedicada. Obrigado por me mostrarem que, através da disciplina, da perseverança e da oração, os objectivos pessoais são alcançáveis, apesar das dificuldades e dos contratempos que acompanham a viagem. Nunca o teria conseguido sem o vosso apoio, amor e carinho. Tive os melhores pais que alguém pode desejar e rezar para ter. Adoro-vos de todo o coração. Gostaria também de agradecer aos meus irmãos: Rahaf, Kareem e Abdul-Majeed Abunaemeh. A relação próxima que partilhamos, os laços que nos mantêm juntos e o vosso apoio, apesar da longa distância, é algo que nunca trocaria e agradeço a Deus todos os dias por ter irmãos tão fantásticos. Amo-vos mais do que as palavras podem descrever. Obrigada por estarem sempre presentes.

Quero agradecer especialmente à minha mulher, Cláudia, que me tem amado e apoiado. És verdadeiramente a minha outra metade e o amor da minha vida. E ao meu filho, Amir Abunaemeh, agradeço-te e amo-te até à lua e vice-versa. És verdadeiramente a minha rocha. Obrigado por seres o melhor filho que alguém poderia desejar; amo-te com todo o meu coração.

Gostaria também de agradecer à minha cunhada Samatha Abunaemeh, ao meu cunhado Tarik Safadi e aos meus sobrinhos Danny, Nour, Adam, Rorie e Rinie. Amo-vos a todos.

Gostaria também de agradecer especialmente a todo o corpo docente da Universidade do Alabama em Huntsville, em particular ao Dr. Jim Miller pelo seu financiamento durante o verão e o outono de 2007 e, mais tarde, por me ter nomeado professor de física na UAH.

Um agradecimento especial a Dora Wynn e Charlie Bruce, do Departamento de Física, pela sua ajuda no escritório durante este processo e ao Dr. David Falconer, do NSSTC, pela sua ajuda com a identificação.

Gostaria também de incluir todo o corpo docente da Universidade do Alabama em Tuscaloosa, em particular o Dr. Robert Leland, o Dr. Jeff Jackson, o Dr. Ralph Hooper, o Dr. Morley e o Dr. Donald Desmith.

Gostaria também de agradecer e mencionar o corpo docente e o pessoal do Shelton State Community College e, em particular, Darrell Wright, que foi uma inspiração para mim desde que o conheci quando iniciei o meu percurso.

Gostaria de estender um grande agradecimento ao corpo docente e ao pessoal do Liceu Najd e Al-Faisaliah em Riade, na Arábia Saudita, e do Liceu Rodat Almaaref em Amã, na Jordânia. Nunca esquecerei as recordações e os momentos que aí passámos e as amizades duradouras, que incluíam os meus professores Sr. Hammed Zaid, Sr. Naief Said, Sr. Nahel, Sr. Hani Hsounah, Sr. Ahmad Abdurabo, Sr. Makkok. Sr. Jammal, Sr. Mahmood Adly e Sr. Riyadh Said, Sr. rafat, Sr. Tariq Alawwad Mahmoud e outros Agradeço também a todos os meus amigos que encontrei ao longo da viagem nos países árabes, começando por Ashraf Hammoda, Taher AlSaleh, Waleed Barakat, Fahed Kennanah, Khaled e Tariq Alsady, Kusai Alawwad, Hani AlShibly, Nabil AbuKhadra, Tariq Abu Zarror, Hashem Altelbani, Kaled Abusamrah, Anas Alhusni, Ahmad Albes e muitos outros. Obrigado por terem sido grandes amigos.

Um grande obrigado também para os meus avós maternos, Ahmad e Hana Haqi, e para Amal e Yaseen Alnahas, Waffa e Abdoulla Elzebak, Sausan e Mohanad e Rola. A todos os meus primos, Redda, Ahamad Basel, Feraz, e a toda a família Hnaa e Haqi.

Gostaria de mencionar e agradecer aos meus tios e tias do lado do meu pai, que me são tão queridos, Amira, Ibrahim, Suhaera, Samir e Walleed e as suas mulheres, e aos meus primos, especialmente Feraz, Mohanad, Mohammad, Mosa, Tarik, Anas, AbdelAzziz Ahmad, Ammer, Lana, Louey, e a todos os restantes membros da família Abunaemeh e Ady. Obrigado.

Gostaria de não esquecer os meus amigos em Tuscaloosa e Huntsville, Alabama, e no resto dos Estados Unidos, começando pelo Dr. Abdalla e Hannan Elsamadicy e os seus filhos, Emad, Jallal, Amira, Kareem, Ala e Rami. Dr. Hakeem (que me alimentou muito durante este processo), Paul Suessman, Mike Said, Victoria Tillman, Nathen e Melissa Shattuck, Mohammad Said, Zack Haga, Michel Maccain, Emad e Abear Akl e os seus filhos, Sadek, Yara, Nour, Tarek, Abdulla e Dana Alburadi, Max e Edie Heine e os seus filhos: Aaron, Ben, Connor, Dusty. Jarod Mcgee, Jake Holliday, Hytham Mousa, Cory

Obrain, Makaria Coley, J. T. Lawrence. Najim Hasan, Faisal Aajaji, Justin Allen, Mike Booker, Talat Husain, Ala & hanan abdurabo e os seus filhos: Aya e Omar. Mohammad & Hoda Refat e os seus filhos. Emad e Adham Refat, Hamed Haqq, John Tanrick, Ahmed Soliman, LaLendu "Kumar" Pattnawak e todos os outros. Muito obrigado, estarão sempre ao pé do meu coração.

Além disso, um agradecimento especial a Betsy Zambrana e Mostafa Sadoqi da Universidade de St Johns por toda a vossa ajuda.

Malek Abunaemeh

CAPÍTULO 1

INTRODUÇÃO E MOTIVAÇÃO

1.1 Fotometria e Astronomia

A fotometria e a astrometria são ferramentas indispensáveis da cosmologia, astrofísica e astronomia observacionais modernas. Normalmente, estas medições são efectuadas utilizando telescópios equipados com dispositivos de carga acoplada (CCD) nos seus planos focais. É fundamental que se tenha uma excelente compreensão do comportamento do telescópio e do CCD, de modo a fazer medições fotométricas e astrométricas exactas e precisas de fenómenos astrofísicos. É sabido que os CCDs têm variações de pixel para pixel. Na era atual das observações de precisão, as variações e distorções introduzidas ao nível do subpixel são igualmente importantes. Até à data, foram efectuados muito poucos estudos sobre as variações de sensibilidade intrapixel dos CCD (Jorden et al. 1994; Kavaldjiev & Ninkov 1998; Tulloch 1998; Lind et al. 1999; Piterman & Ninkov 2000, 2002; Wagner 2002; Karoff 2005). No caso dos CCD de nova tecnologia, nunca foram efectuadas medições das variações intrapixel. Além disso, as distorções do campo elétrico nos pixels do CCD perto do bordo do CCD podem também afetar a fotometria e a astrometria.

Nesta tese, procedi à caraterização de uma nova tecnologia CCD desenvolvida no Lawrence Berkeley National Laboratory (LBNL) com o objetivo de obter medições fotométricas e astrométricas exactas e precisas de supernovas e galáxias, a fim de elucidar a natureza da misteriosa energia escura que está a acelerar a expansão do Universo (Riess et al. 1998; Perlmutter et al. 1999). Os CCDs que medi estão programados para serem utilizados em duas missões cosmológicas de alta prioridade: o satélite Supernova Acceleration Probe (SNAP) (Aldering et al. 2002, 2004) e a Câmara de Energia Escura (Wester et al. 2005), que foram concebidos para estudar a energia escura.

A seguir, começo com uma visão geral da energia escura e do satélite SNAP, que serve de motivação científica para o trabalho de deteção realizado neste estudo. Apresentarei as duas principais medidas científicas do SNAP para estudar a energia escura, que envolvem 1) um tipo especial de estrela em explosão conhecida como Supernova Tipo Ia (SN Ia) e 2) o fenómeno de lente gravitacional fraca. Em seguida, apresento uma panorâmica dos CCDs e uma comparação com a nova tecnologia CCD que avaliei, que oferece várias vantagens em relação aos CCDs normais, como os que foram utilizados no Telescópio Espacial Hubble.

1.2 O problema da energia negra

Na cosmologia física, a energia escura (E.E.) é uma forma hipotética de energia que permeia todo o espaço e tem uma forte pressão negativa. De acordo com a teoria da relatividade geral, o efeito de uma tal pressão negativa é qualitativamente semelhante a uma força que actua em oposição à gravidade a grandes escalas. A explicação atualmente mais popular para as observações recentes é que o Universo parece estar a expandir-se a um ritmo acelerado (Riess et al. 1998, Perlmutter et al. 1999). Existem muitas formas possíveis de energia escura; no entanto, as duas mais populares são a constante cosmológica - que é uma densidade de energia constante que preenche o espaço de forma homogénea - e a quintessência - que é o campo dinâmico cuja densidade de energia pode variar no tempo e no espaço. Para distinguir as diferentes formas de DE, são necessárias medições de alta precisão da dimensão do Universo em função do tempo ou da taxa de aglomeração gravitacional da matéria ao longo do tempo. Se o Universo se expande a uma taxa constante ao longo do tempo, um gráfico do seu tamanho em função do tempo (conhecido como "diagrama de Hubble") será uma linha reta, como se vê na Figura A.2. Se o Universo mudar a sua taxa de expansão, isso aparecerá como uma curvatura no gráfico. Da mesma forma, podemos medir os tamanhos das concentrações de matéria em função do tempo. A gravidade faz com que a matéria se aglomere, enquanto a energia escura faz com que a matéria se espalhe. Ao medir a taxa a que a matéria se junta em função do tempo, podemos determinar o grau em que a matéria escura a está a afastar.

As técnicas utilizadas para efetuar as medições do tamanho do Universo em função do tempo e do crescimento de estruturas de grande escala ao longo do tempo são conhecidas como cosmologia de supernovas de tipo Ia e lente gravitacional fraca, respetivamente. O satélite SNAP é uma experiência concebida para efetuar estas medições (Aldering et al. 2002, 2004). Mais informações sobre a realização destas medições encontram-se no Apêndice A.1.

1.3 O Satélite Sonda de Aceleração SuperNova

O satélite Supernova Acceleration Probe (SNAP) é um projeto de telescópio internacional baseado no espaço. Os principais objectivos do projeto do satélite SNAP são um grande campo de visão (FOV), uma vasta gama espetral e uma excelente resolução ótica. O SNAP será equipado com um telescópio refletor de 2 metros de diâmetro com três espelhos anastigmáticos, com uma distância focal de 21,6 metros. O campo de visão será de cerca de 0,7 graus, mais de 600 vezes superior ao do Telescópio Espacial Hubble. Uma secção transversal da conceção do satélite SNAP pode ser vista na Figura 1.1.

O plano focal da SNAP contém 36 CCDs de alta resistividade e canal p e 36 sensores de infravermelhos próximos (HgCdTe). A gama de sensibilidade espetral será de 3501000 nm para os geradores de imagens CCD e de 900 - 1700 nm para os detectores HgCdTe NIR. O plano focal está ligado por ligações térmicas a um radiador, que mantém o plano focal a uma temperatura de funcionamento constante de 140K. Cada CCD será equipado com quatro filtros de cor de banda larga e os sensores IR terão um filtro cada. A figura 1.2 mostra um desenho explodido do plano focal.

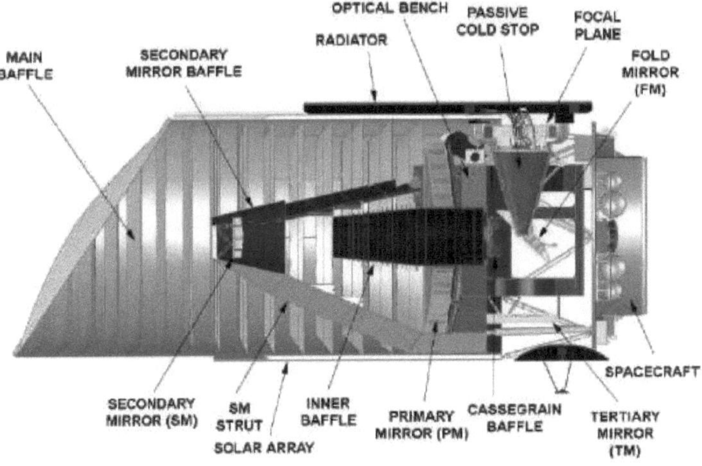

Figura 1.1: Secção transversal do satélite SNAP. (Cortesia LBL)

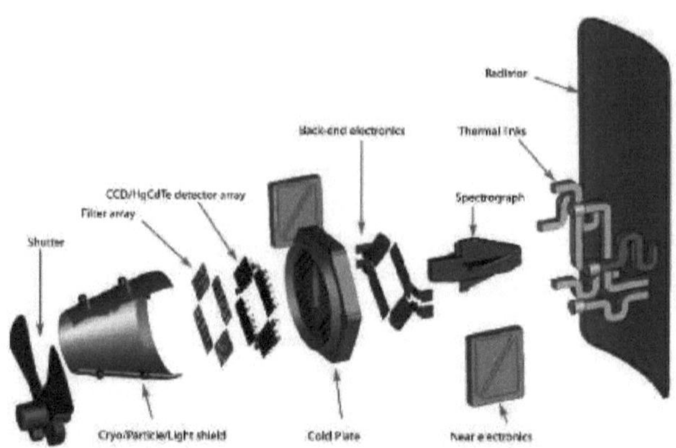

Figura 1.2: Desenho explodido do plano focal da SNAP. (Cortesia LBL)

1.4 Objectivos científicos

Queremos determinar quaisquer variações nas respostas espaciais e fotométricas dos CCDs de alta resistividade e canal p que possam afetar a ciência do SNAP. Assim, procuramos medir as respostas espaciais e fotométricas dos CCDs

- Variações de sensibilidade intrapixel
- Sensibilidade e distorções espaciais perto do limite da região ativa do CCD.
- Desempenho do dithering de fase do CCD para além do melhoramento da resolução espacial.

Gostaria de salientar que nenhuma destas medições foi realizada anteriormente; as duas primeiras são itens de alta prioridade para o desenvolvimento do detetor SNAP e a terceira é uma nova estratégia de observação inventada pelo Dr. Hakeem Oluseyi para melhorar a fidelidade especial e fotométrica dos CCDs que pode ser mais eficiente do que os métodos actuais.

CAPÍTULO 2
TECNOLOGIA SNAP CCD E OBSERVAÇÃO
ESTRATÉGIA

2.1 Introdução aos dispositivos de carga acoplada

Um dispositivo de carga acoplada (CCD) é um sensor de imagem semicondutor à base de silício, que é um circuito integrado com uma matriz de condensadores ligados ou acoplados que são sensíveis à luz (Boyle & Smith 1969). Os CCD são utilizados numa grande variedade de aplicações de imagem, desde câmaras de consumo, como as câmaras de vídeo e as câmaras digitais, até aparelhos de imagiologia médica, como a máquina de raios X do dentista. Têm sido utilizados em experiências de física de partículas para detetar partículas de alta energia. São também utilizados na imagiologia astronómica para efetuar medições como a fotometria e a espetroscopia. Os CCDs têm sido utilizados numa vasta gama de comprimentos de onda, incluindo ótico, ultravioleta (UV), ultravioleta extremo (EUV) e raios X. Para criar uma imagem, um CCD tem de efetuar quatro tarefas básicas de funcionamento. São elas a geração de carga, a recolha de carga, a transferência de carga e a medição de carga. Em seguida, descrevo cada uma delas em pormenor.

2.1.1 Geração de carga

A primeira operação do CCD é a geração de carga. O CCD intercepta os fotões e gera pares eletrão-buraco através do efeito fotoelétrico, que é uma absorção ótica em que toda a energia do fotão é utilizada para gerar portadores livres e as suas energias cinéticas através de uma única interação. Há dois regimes de geração de portadores que são relevantes. O silício tem uma energia de banda de 1,1 eV. No intervalo entre 1,1 eV e 3,65 eV (assumindo a temperatura ambiente), os portadores são gerados como resultado de um processo de fotoexcitação intrínseco que move um eletrão da banda de valência para a banda de condução e cria um par eletrão-buraco. A distribuição de energia dos electrões relaxa imediatamente para se aproximar de uma distribuição de Boltzmann, com a maioria dos electrões perto do limite inferior da banda de condução e a maioria dos buracos perto do limite superior da banda de valência. Para energias superiores a 3,65 eV, os portadores são gerados através do processo de fotoionização. Neste caso, o número de portadores gerados é dado pela energia do fotão dividida por 3,65 eV. O primeiro processo requer a satisfação da conservação da energia, enquanto o segundo processo requer a conservação da energia e do momento (Boër 2002).

A eficiência de geração de carga de um CCD é descrita pela sua eficiência quântica (QE), definida como a fração de fotões incidentes que produzem portadores de carga no chip. Um CCD ideal teria 100% de QE em todos os comprimentos de onda, mas isso não acontece devido a vários factores. Em primeiro lugar, a superfície do CCD é parcialmente reflectora. Para ultrapassar este facto, é utilizado um revestimento antirreflexo. Em segundo lugar, o CCD tem uma camada de circuitos frontais que absorve luz de comprimento de onda curto. Para evitar este facto, são frequentemente iluminados pela parte de trás.

Em terceiro lugar, o CCD pode não ser suficientemente espesso para absorver a luz de grande comprimento de onda ou os raios X altamente energéticos.

Os CCDs têm sido utilizados para absorver fotões com energias de 1,1 eV a mais de 20 keV (Oluseyi et al. 2004a). Esta gama de energia estende-se desde o infravermelho próximo, passando pelo visível, até aos raios X moles. A energia dos fotões pode ser convertida em comprimento de onda através da seguinte equação $2 = 12390/ E$ (eV), em que X é o comprimento de onda em angstroms (A).

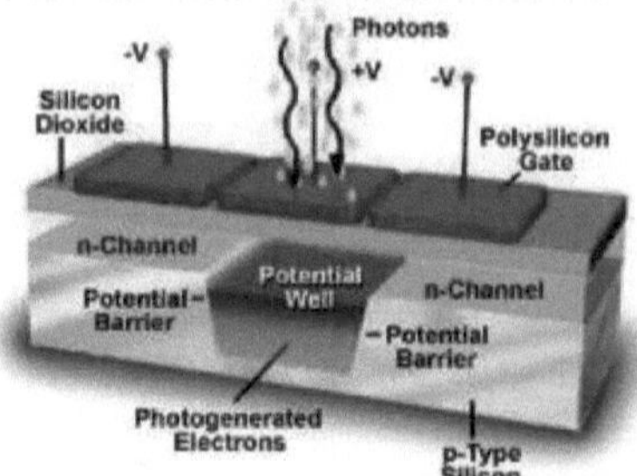

Figura 2.1: Estrutura de um pixel CCD e recolha de carga.

A resposta do CCD estende-se a comprimentos de onda até 1100 nm, em que os fotões já não têm energia suficiente para excitar os electrões da banda de valência para a banda de condução.

Quando o fotão é absorvido, o silício perde um eletrão de valência, que fica livre até ser recolhido e depois mantido até à leitura. O eletrão volta a descer para a banda de valência em cerca de 100p.seg., pelo que é importante recolher os electrões quando estão livres e retê-los para leitura antes de voltarem à banda de valência. A figura 2.1 mostra a estrutura do pixel CCD.

2.1.2 Cobrança de taxas

A segunda operação do CCD na geração de uma imagem eletrónica, a recolha de carga, é definida como a recolha dos electrões sob cada porta. Para cada pixel que temos, existe uma estrutura de porta para ele. A estrutura de porta tem duas finalidades principais: a primeira é recolher os portadores de carga (electrões ou buracos) e a segunda é transportar os portadores de um pixel para o seguinte, para que possam ser enviados para o registo de leitura. Normalmente, os CCDs têm uma estrutura de porta trifásica, o que significa que cada pixel tem três portas. A maioria dos CCDs recolhe electrões. Os electrões são recolhidos sob a porta com a tensão mais elevada. Os electrões são recolhidos aplicando tensões às portas e mantendo-os num poço de potencial até ao final da integração. Os condensadores são colocados próximos uns dos outros e a carga é então deslocada através da manipulação das tensões nas portas.

2.1.3 Transferência de carga

Esta é a operação mais crítica e importante do CCD. No final de uma exposição, os portadores recolhidos (electrões) são transferidos para o registo de saída. Isto é feito através da manipulação das tensões das portas que formam um registo CCD. Depois de os electrões serem recolhidos na primeira porta com a tensão mais elevada, a tensão da porta seguinte (porta 2), que anteriormente era baixa, é aumentada. Os electrões movem-se então por difusão para preencher ambas as portas. Em seguida, a tensão na primeira porta é diminuída, fazendo com que os electrões se desloquem da porta 1 para a porta 2 através da influência dos campos de franjas variáveis. Este ciclo é repetido sempre que necessário, movendo os electrões de fase para fase. A figura 2.2 apresenta uma ilustração simplificada da transferência de carga no CCD. Note-se que, tal como acima descrito, a passagem da carga de uma porta para a seguinte é um processo em duas fases: passar a segunda porta para a fase de recolha, seguida da passagem da porta original para a fase de barreira.

A transferência feita para a carga no CCD tem algumas perdas. A eficiência da transferência de carga ou CTE é a fração de electrões transferidos em comparação com o número de electrões que estavam no pixel. É impossível atingir 100% de eficiência de transferência de carga (CTE) devido às pequenas "armadilhas" que os chips possuem. Quando enviamos um pacote de cargas através de várias transferências para ir para o transístor de saída, temos de nos certificar de que o nosso desenho tem poucas armadilhas de electrões para termos uma taxa CTE elevada (> 99,999%).

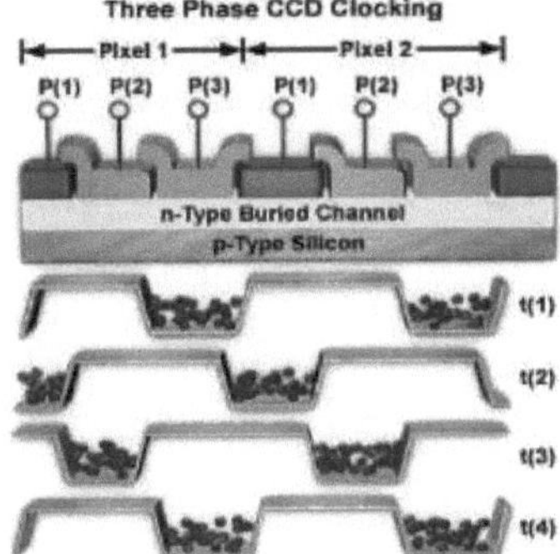

Figura 2.2: Ilustração da transferência de carga do CCD.

Os CCDs são muito sensíveis à radiação não ionizante (por exemplo, protões solares de alta energia) que podem danificar o silício no canal de transferência e induzir armadilhas de electrões. Uma armadilha também teria um efeito negativo se ocorresse num pixel próximo do amplificador de saída.

2.1.4 Medição da carga

A medição da carga é a deteção e medição de uma carga recolhida em cada pixel. Isto é feito despejando a carga recolhida num pequeno condensador que está ligado à porta de um transístor MOSFET que converte a carga numa tensão. Esta tensão é transferida para fora do chip para um pré-amplificador de baixo ruído. A partir daí, o sinal é transferido através de um cabo de fibra ótica para a eletrónica de controlo, onde a tensão é convertida num sinal digital, tornando-se um número do tipo Unidade Analógica para Digital (ADU). Este fator de conversão é designado por ganho. No caso dos CCDs científicos, a tensão de saída é normalmente convertida num número de 12 ou 16 bits. A Figura 2.3 mostra um desenho do circuito do estágio de saída do CCD. Aqui RG significa "reset gate" (porta de reinicialização). Este transístor coloca a porta do transístor de saída num nível de referência antes de cada pixel ser lido. O sinal do pixel é dado pela tensão na porta de saída quando o sinal está presente menos a tensão na porta de saída sem o sinal. As fontes de ruído são indicadas. A figura 2.4 mostra o esquema de leitura completo. Depois de o sinal sair, o CCD é amplificado por um pré-amplificador que se encontra na câmara. O sinal é então transferido através de um cabo de fibra ótica para a caixa eletrónica, onde é invertido e convertido num número digital.

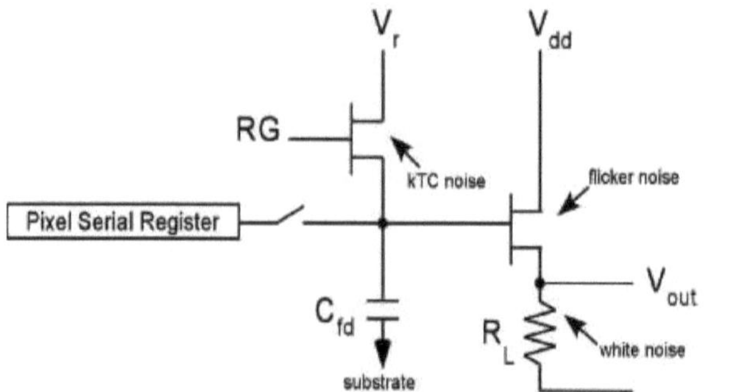

Figura 2.3: Diagrama do circuito do amplificador CCD em chip com ruído. (Cortesia LBL)

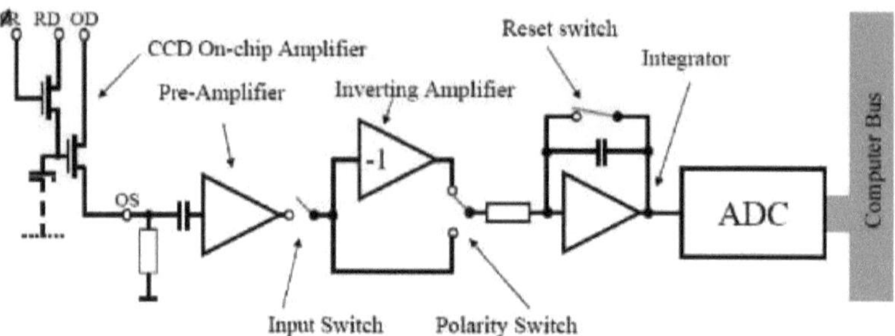

Figura 2.4: Diagrama de blocos da arquitetura completa de leitura do CCD. O ruído é adicionado pelo pré-amplificador e pela placa de vídeo que contém os três últimos componentes: O amplificador inversor, o integrador e o conversor analógico-digital. (Cortesia LBL)

2.2 CCDs de canal p de alta resistividade e totalmente empobrecidos

Os CCDs de alta resistividade e canal p são dispositivos espessos (200-300 μm) que funcionam totalmente esgotados e retroiluminados (Holland 1989; Holland et al. 2003). As vantagens destes CCDs são o facto de fornecerem uma resposta espetral alargada (Stover et al. 1997; Groom et al. 1999; Oluseyi et al. 2005), uma função de dispersão de pontos mais pequena (Groom et al.

1999; Karcher et al. 2004; Fairfield et al. 2006), maior tolerância à radiação (Bebek et al. 2002; Marshall et al. 2004) e espessura selecionável (Oluseyi et al. 2004; Stover et al. 2004). As principais características deste CCD são

- É construído em silício de tipo n que tem uma elevada resistividade (5-10 KΩ-cm).
- Tem um canal de transferência de carga dopado com boro e do tipo p.
- Uma tensão de polarização do substrato aplicada de forma independente.
- Recolhe buracos em vez de electrões
- Funcionamento totalmente esgotado.

Como se pode ver na Figura 2.5, a resistividade de 5 - 10 kΩ-cm corresponde a uma densidade de dopante de cerca de 10^{11} cm^{-3} . Isto em comparação com a maioria dos CCDs, que têm uma densidade de dopante de " 10^{11} cm^{-3} e uma resistividade correspondente de 20 - 50 Ω-cm. O CCD de alta resistividade tem um volume fotossensível espesso (300 pm) com uma camada de canal p enterrada sob as portas, em vez do tradicional canal n enterrado, em comparação com os dispositivos de canal n de " 20 pm de espessura. Apresenta também um elevado QE até 1pm, o que se deve à sua espessura. Finalmente, não tem regiões livres de campo que limitem a difusão lateral de carga. A figura 2.6 mostra uma simulação MEDICI do campo no interior do CCD, ilustrando um campo diferente de zero na parte de trás e, por conseguinte, uma depleção total.

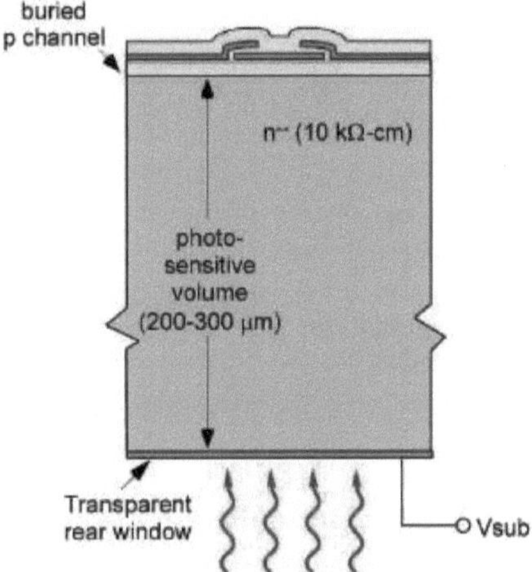

Figura 2.5: Secção transversal do CCD de alta resistividade e canal p. (Cortesia LBL)

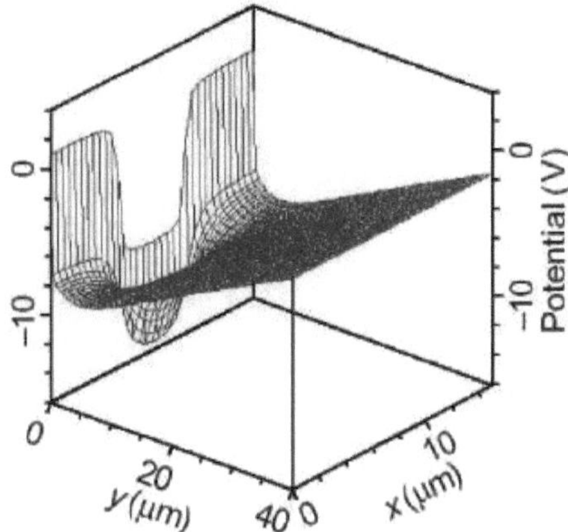

Figura 2.6: Simulação MEDICI do campo elétrico no interior do CCD de alta resistividade. O campo estende-se até à parte de trás do dispositivo, esgotando totalmente o seu volume. (Cortesia LBL)

2.3 Dithering

A pontilhação é o ato de obter múltiplas imagens sobrepostas de um campo através do reposicionamento do telescópio ou do instrumento. A pontilhação é efectuada para garantir que nenhum ponto do campo fique por observar devido a pixels defeituosos, para melhorar a precisão fotométrica através da média dos erros do campo plano, para obter informação suficiente para derivar uma calibração do detetor e a intensidade do céu, e para recuperar

13

informação de alta frequência.

A imagem obtida a partir do CCD é dada pela convolução da cena que está a ser fotografada O(x,y), a função de dispersão de pontos da ótica que foca a luz no CCD P(x,y) e a resposta espacial de cada pixel do CCD Π(x,y). Por outras palavras,

$$I(x, y) = O(x, y) * P(x, y) * \Pi(x, y). \tag{3.2}$$

Numa experiência padrão de pontilhismo, P(x,y) e n(x,y) são constantes enquanto O(x,y) é variado.

Para ilustrar o processo de dithering, considere as três figuras seguintes. A figura 2.7 mostra uma imagem que se move através do CCD numa fração de um pixel de cada vez. Cada quadrado representa um pixel. Ao mover a imagem através do dispositivo em passos de sub-pixel, conseguimos obter uma amostra da cena com uma resolução mais fina do que o espaçamento entre pixels. Na prática, estes movimentos sub-pixel são obtidos movendo todo o telescópio (como no caso do Telescópio Espacial Hubble) ou movendo o instrumento. Dado que os pixéis do CCD têm tipicamente 15 pm de tamanho, estes passos são necessários para que o observatório seja reposicionado com elevada precisão à escala de 5 pm! Como se mostra na Figura 2.8, cada exposição produz uma distribuição ligeiramente diferente de cargas nos pixéis que se encontram sob a imagem. Este conjunto de nove imagens pode ser combinado usando um algoritmo de software, como o algoritmo Drizzle (Fruchter & Hook 2002), para criar uma super-imagem contendo uma fidelidade espacial e fotométrica melhorada em comparação com uma única imagem não fotométrica (Figura 2.9).

Figura 2.7: Uma imagem é movida através do CCD fracções de um pixel de cada vez.

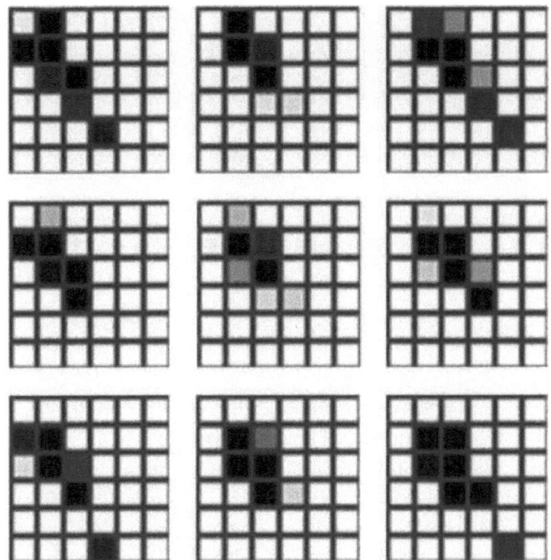

Figura 2.8: Cada exposição é ligeiramente diferente, gerando diferentes distribuições de carga.

Figura 2.9: A superimagem formada a partir dos dados das duas figuras anteriores. Note-se que esta imagem tem uma resolução espacial melhorada em comparação com as duas anteriores.

CAPÍTULO 3

EXPERIMENTAÇÃO

Para atingir os objectivos científicos definidos no Capítulo 1, foi necessário obter medições experimentais das características dos CCDs de canal p de alta resistividade que funcionam totalmente esgotados. A seguir, descrevo a configuração experimental e as técnicas experimentais utilizadas.

3.1 Instalação experimental

O CCD foi montado dentro de um dewar de azoto líquido da Infrared Laboratories, Inc., série ND-8. O objetivo do dewar era manter um elevado vácuo (10^{-5} a 10^{-7} torr), para além de ser um excelente isolador térmico para o CCD. Isto é importante para retirar os vapores que se condensariam no CCD quando este fosse arrefecido, o que provocaria um curto-circuito e a destruição do CCD. Utilizando azoto líquido como refrigerante, o CCD foi mantido a uma temperatura de 140 K para minimizar quaisquer cargas espúrias (ou seja, a corrente escura) que são geradas por flutuações térmicas na rede de silício.

O CCD é gerido por um controlador "Leach" de leitura dupla da Astronomical Research Cameras, Inc. Existem cinco placas diferentes dentro do controlador que ajudam a operar e a ler o CCD e são as seguintes

1. Placa de utilidades: controla o tempo de exposição e as operações do obturador. A placa utilizada é a Motorola DSP 56001,

2. Placa de temporização: gera os sinais digitais de temporização para controlar as outras placas de circuito e também para comunicar com o computador central. A placa utilizada aqui foi uma Motorola DSP 56002FC66,

3. Placa de vídeo: processa e digitaliza a saída de vídeo do CCD, além de alimentar o CCD com tensões de polarização DC programáveis digitalmente,

4. Placa de controlo do relógio: fornece níveis de tensão analógica de +10V a -10V para os sinais de relógio, e

5. Placa de polarização: esta é uma placa personalizada concebida no LBNL para fornecer as tensões DC necessárias para o funcionamento do CCD. A tensão de polarização do substrato pode atingir os 200V. Além disso, os transístores de leitura são polarizados até 25V. A placa de vídeo padrão do controlador Leach não fornece tensões tão altas.

Para a experiência, o CCD foi iluminado com luz de uma lâmpada GE de alta intensidade que foi passada para um cabo de fibra ótica. A fibra ótica conduzia a uma grande caixa preta que continha o projetor de pinhole, que consistia num tubo de latão montado em cima de uma plataforma de translação motorizada com dois graus de movimento. No interior do tubo de latão, a luz da fibra ótica iluminava um orifício de 10pm. A luz era então colimada por uma lente tubular. Na extremidade da lente do tubo estava uma objetiva de microscópio com uma distância de trabalho de cerca de 34 mm. A objetiva fez convergir a luz colimada. Ajustando a distância entre a extremidade da lente e a superfície do CCD, o feixe de luz pode ser focado pela objetiva do microscópio até atingir um tamanho (braços) de cerca de 1,3pm na superfície do CCD. A figura 3.1 mostra a configuração experimental.

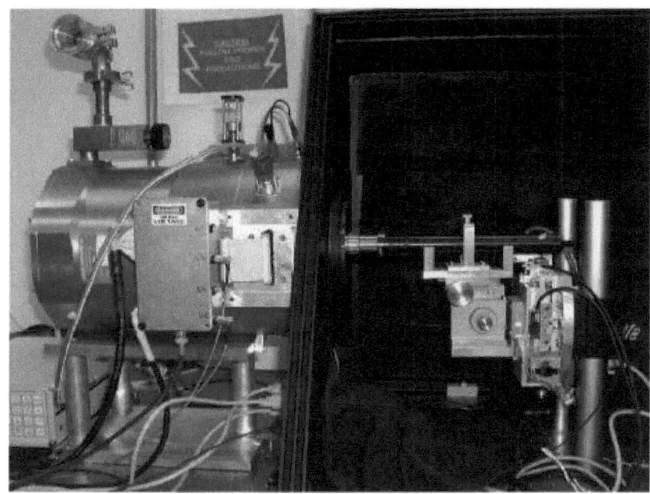
Figura 3.1: Montagem experimental dos dados analisados nesta tese. (cortesia LBL)

Para caraterizar a resposta espacial e fotométrica do CCD, utilizámos várias técnicas diferentes:

1. Varrimentos lineares interiores para medir a difusão lateral do dispositivo através da técnica do gume de faca virtual,

2. Varrimentos lineares perto do bordo do dispositivo para medir variações na fidelidade espacial perto dos bordos do dispositivo,

3. Varrimentos lineares bidimensionais à escala intrapixel para medir as variações de sensibilidade intrapixel, e

4. Varreduras lineares com pontilhamento de fase para investigar a utilidade da técnica de pontilhamento de fase do CCD.

Em cada uma das quatro técnicas, os principais dados que pretendíamos obter eram as variações de sensibilidade do CCD em função da posição e as distorções espaciais do CCD em função da posição. A primeira foi obtida através da integração do sinal do ponto em cada posição e a segunda foi obtida através da medição da forma e orientação do ponto.

Os exames acima referidos são sequências de imagens obtidas com o ponto projetado no CCD em posições ligeiramente diferentes. Nos exames a que nos referimos como "exames lineares", o ponto foi movido em passos horizontais de subpixel, regularmente espaçados, na direção do aumento de x no plano da face do dispositivo (da esquerda para a direita quando se está de frente para o CCD). Para os exames em duas dimensões, o ponto foi movido ao longo do eixo x na direção do aumento de x, depois num passo de sub-pixel na direção y (normalmente 0,3-pixel); depois ao longo do eixo x da direita para a esquerda, depois noutro passo de sub-pixel na direção y; depois ao longo do eixo x da esquerda para a direita, etc. O objetivo destes exames era gerar um padrão de apontamento 3 x 3 em pixels individuais. Na implementação real dos exames, o ponto foi centrado num pixel alvo e focado nessa posição. Assim, as varreduras começaram a partir do centro de um pixel.

Para além de medirmos o sinal e a forma do ponto em função da posição, pretendemos também duas medições adicionais: a difusão lateral no dispositivo e os pormenores do

17

conceito de CCD Phase Dithering (CPD).

3.2.1 Difusão lateral

A técnica do gume de faca virtual foi utilizada para medir a difusão lateral no CCD (Karcher et al. 2004). O conhecimento da difusão lateral é necessário para compreender a fidelidade espacial do dispositivo. A técnica do gume de faca "virtual" é derivada da experiência do gume de faca real, que é uma técnica padrão utilizada para determinar o diâmetro e o perfil de um feixe. Para realizar a experiência do gume de faca, coloca-se um gume afiado, como uma lâmina de barbear, entre um feixe de luz e um detetor sem capacidade de deteção espacial, como um fotodíodo. O detetor produzirá uma corrente ou tensão proporcional à energia que incide sobre ele. O feixe de luz ilumina inicialmente o detetor sem atenuação, enquanto a saída do detetor é monitorizada. Posteriormente, o gume de lâmina é colocado entre o feixe de luz e o detetor, sendo percorrido em pequenos passos perpendiculares à trajetória do feixe de luz para o cortar lentamente. A saída do detetor é lida em cada passo. A distância que o gume da faca percorreu desde a atenuação inicial do sinal do feixe até à atenuação completa fornece informações sobre o diâmetro do feixe. O declive da queda da intensidade do feixe com a distância fornece informações sobre o perfil do feixe.

A técnica do gume de faca virtual é semelhante, em princípio, à técnica do gume de faca real. As excepções são a utilização do CCD como detetor em vez de um fotodíodo e a inexistência de um gume de faca. Para efetuar esta experiência, o feixe de luz atravessa linearmente o CCD e obtém-se uma imagem em cada passo. Esta operação é efectuada até que o feixe de luz tenha atravessado um grande número (embora aleatório) de pixels do CCD. Uma região quadrada aleatória do CCD, digamos 30 píxeis por 30 píxeis, é designada por "quadrado de integração". À medida que o feixe atravessa o CCD, o sinal no quadrado de integração é somado, adicionando o valor de cada pixel. À medida que o feixe sai do quadrado de integração, o sinal somado no quadrado diminui de forma semelhante à forma como o sinal lido pelo fotodíodo diminui na experiência real do gume da faca. O bordo do quadrado de integração actua como a lâmina de barbear na técnica da faca real. A Figura 3.2 apresenta uma ilustração da técnica do fio de navalha virtual.

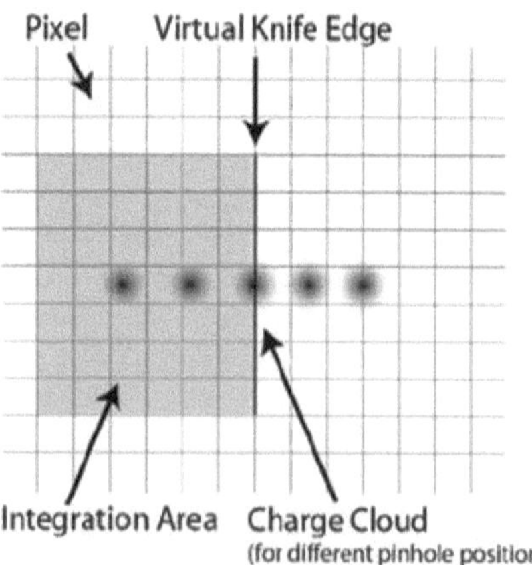

Figura 3.2: Uma ilustração da técnica do fio de navalha virtual.

Dado que o feixe incide sobre a superfície posterior do CCD e que os portadores de carga gerados no dispositivo pelo feixe têm de ser recolhidos no circuito frontal do CCD antes de se poder ler uma imagem, os portadores têm a oportunidade de se difundir lateralmente à medida que viajam da parte posterior do CCD para a sua parte frontal (figura 3.3). Num CCD astronómico típico, a quantidade de difusão lateral é comparável à espessura do dispositivo (" 20 pm).

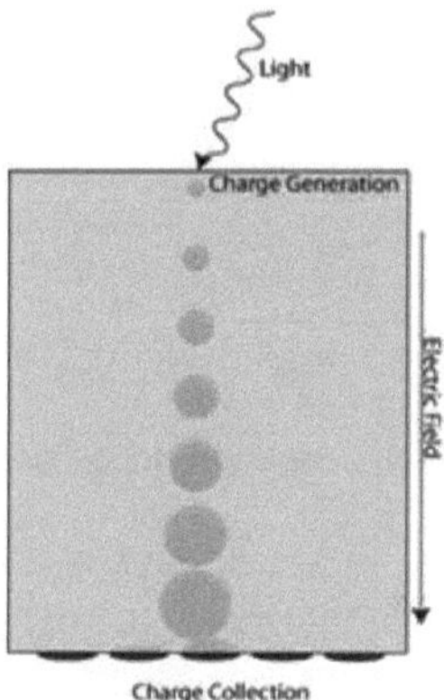

Figura 3.3: Uma ilustração da difusão lateral de cargas num CCD. (Cortesia LBL)

Determinamos a quantidade de difusão lateral no CCD comparando o tamanho do feixe medido na técnica do gume de faca virtual com o medido na técnica do gume de faca real. Devido à difusão lateral no dispositivo, a técnica do fio de navalha virtual produzirá sempre um valor maior do que a técnica do fio de navalha real. A raiz da difusão lateral quadrada média é encontrada subtraindo o tamanho real do feixe do tamanho do feixe virtual em quadratura.

$$\sigma_{rms} = \sqrt{\sigma_{vke}^2 - \sigma_{ke}^2} \; . \qquad (3.1)$$

Aqui σ_{rms} é a raiz da difusão lateral quadrada média, σ_{vke} é o desvio padrão de um ajuste gaussiano ao perfil do feixe, tal como determinado pela experiência virtual do gume da faca e σ_{ke} é o desvio padrão de um ajuste gaussiano ao perfil do feixe, tal como determinado pela experiência real do gume da faca.

Para analisar a separação de carga para o nosso CCD totalmente depletado, começamos por afirmar que a depleção total resulta num campo elétrico que se estende até à parte de trás do CCD. O espalhamento de cargas sobre depletadas σ_{od} é descrito como (Holland et al. 1997)

$$\sigma_{od} = \sqrt{2Dt_{tr}} \; , \qquad (3.2)$$

em que D é o coeficiente de difusão e t_{tr} é o tempo de trânsito do portador, definido como

$$t_{tr} = \frac{y_d}{v_d} \; , \qquad (3.3)$$

em que y_d é a espessura da região empobrecida e v_d é a velocidade de deriva dos furos.

Utilizando a relação de Einstein

$$\frac{D}{\mu_p} = \frac{k_B T}{q},$$ (3.4)

em que k_B é a constante de Boltzmann, T é a temperatura, q é a carga do eletrão (ou do buraco) e μ_p é a mobilidade do buraco. Tomando a velocidade de deriva v_d dos buracos como sendo

$$v_d = \frac{dy}{dt} = \mu_p E(y_d) = \mu_p \left(E_{max} + \frac{p_n}{\varepsilon_{si}} y_d \right),$$ (3.5)

em que $E(y_d)$ é o campo elétrico, p_n é a densidade de carga volumétrica na região. Define-se

como $p_n = qN_D$, onde N_D é definido como sendo a densidade de átomos dadores na região empobrecida

(densidade de dopante). A permissividade do silício é dada por ε_{si}, E_{max} é o campo elétrico na junção p-n e é definida como

$$E_{max} = -\left(\frac{V_{appl}}{y_d} + \frac{p_n}{2\varepsilon_{si}} y_d \right),$$ (3.6)

em que y_d é a espessura da região empobrecida e V_{appl} é a queda de tensão aplicada através de a região de deriva e assume-se que é maior do que $\frac{p_n}{2\varepsilon_{si}} y_d^2$. Substituindo as equações (3.3), (3.4), (3.5) e (3.6) em (3.2) obtemos

$$\sigma_{od} = \sqrt{2Dt_{tr}} = \sqrt{2\frac{k_B T \varepsilon_{si}}{qp_n} \ln \frac{E_{max}}{E_{min}}},$$ (3.7)

em que $E_{min} = E(y_d)$. Para os campos de constante elevada, a forma assintótica da equação (3.7) pode ser escrita como

$$\sigma_{asymp} = \sqrt{2\frac{k_B T}{q} \frac{y_d^2}{V_{sub} - V_J}}.$$ (3.8)

A velocidade e o trânsito da carga dependem da intensidade do campo em campos eléctricos baixos. medida que o campo se intensifica e aumenta, a dependência do campo da velocidade torna-se não linear. Este efeito pode ser expresso como uma correção da mobilidade dos portadores, que é definida como

$$\mu(T,E) = \frac{\mu_0(T)}{m(T,E)},$$ (3.9)

em que $m(T,E)$ é o fator de correção e é definido como

$$m(T,E) \approx \left[1 + \left(\frac{E}{E_c} \right)^{\beta} \right]^{-\frac{1}{\beta}}, \qquad\qquad (3.10)$$

em que E_c é o campo crítico e $E_c = 1{,}24T^{1.68}$ V/cm e $\beta = 0.46T^{0.17}$.

Inserindo a mobilidade dos portadores na equação (3.5), obtém-se

$$v_d(T,E) = \mu(T,E)E(y_d) = \mu(T,E)\left(E_{max} + \frac{p_n}{\varepsilon_{si}} y_d \right). \qquad (3.11)$$

Substituindo a equação (3.11) pelo tempo de trânsito da portadora, equação (3.3), obtém-se

$$t_r = \frac{y_d}{v_d} = \frac{y_d}{\mu(T,E)E(yd)} = \frac{y_d^2}{\mu(T,E)\left(V_{sub} - V_J \right)}. \qquad (3.12)$$

Isto leva-nos à difusão assintótica que é (Fairfield et al. 2006)

$$\sigma_{asymp} = \sqrt{2Dt_{tr}} = \sqrt{\frac{2Dy_d^2}{\mu(T,E)\left(V_{sub} - V_J \right)}}. \qquad (3.13)$$

Substituindo a equação (3.4) na equação (3.13) obtemos (Fairfield 2006)

$$\sigma_{asymp} = \sqrt{2Dt_{tr}} = \sqrt{\frac{2k_B Ty_d^2}{q\left(V_{sub} - V_J \right)} m(T,E)}. \qquad (3.14)$$

3.2.2 Medição da variação intrapixel

Para medir as variações de sensibilidade intrapixel no dispositivo, iluminámos o dispositivo com uma imagem pinhole de 1 pm. O pinhole foi escalonado ao longo de dez pixéis, com um tamanho de passo escolhido para obter nove pontos num único pixel para 3*3 pixéis, como ilustrado na Figura 3.4. Havia também três pixéis com três marcações, dois pixéis com seis marcações e dois pixéis com duas marcações. Estas marcações extra foram efectuadas por segurança, para ultrapassar eventuais erros de calibração do nosso sistema experimental.

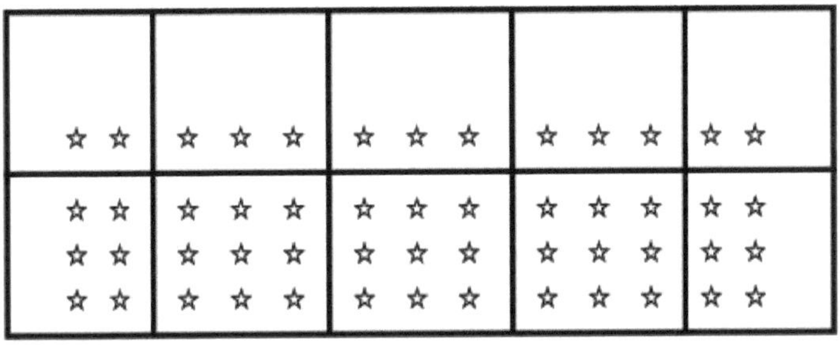

Figura 3.4: Padrão de iluminação para um ponto de 1pm em 10 pixéis do CCD.

3.2.3 Análise da difusão dos bordos

Queremos medir como os pixels das extremidades do CCD se comportam de forma diferente dos outros pixels. Os modelos TSUPREME do campo elétrico no interior do CCD (como se pode ver nas Figuras 3.5 e 3.6 abaixo) sugerem que o campo deve ser diferente nas extremidades do dispositivo. A Figura 3.5 mostra o campo elétrico modelado a V_{sub} de 25V, enquanto a Figura 3.6 mostra o campo elétrico modelado a V_{sub}= 100V. Repare como o campo elétrico se comporta de forma diferente perto da extremidade do dispositivo, como se pode ver no lado esquerdo de ambos os gráficos. O campo diverge perto das extremidades, o que sugere que o campo é mais fraco nessas zonas e que, por isso, pode ocorrer uma maior difusão lateral. A comparação dos gráficos sugere que este efeito é maior em tensões de polarização baixas. Para caraterizar o aumento da borda de difusão perto da borda do dispositivo, passámos a nossa imagem pinhole iluminada sobre a borda do dispositivo e observámos quaisquer alterações na forma do ponto perto da borda, ajustando uma Gaussiana bidimensional à imagem do ponto.

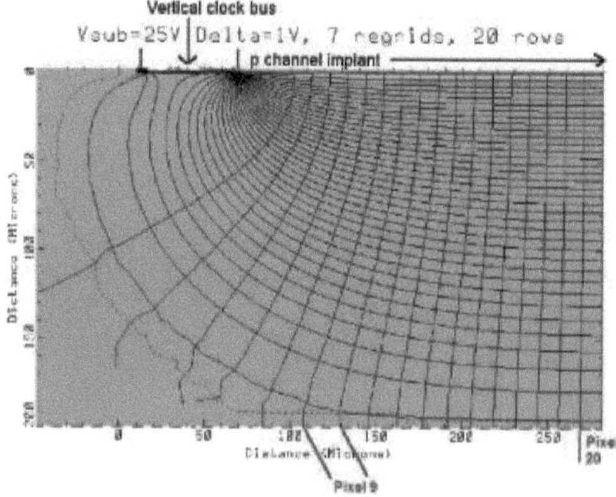

Figura 3.5: Modelo do campo elétrico no CCD a baixa tensão. Repare nas linhas do campo elétrico e na distorção espacial junto ao bordo do lado esquerdo. Aí, o campo diverge, o que sugere que é mais fraco e, portanto, não acelera as cargas fotogeradas tão eficazmente como no interior do dispositivo. Espera-se, portanto, que a difusão lateral aumente perto da borda.

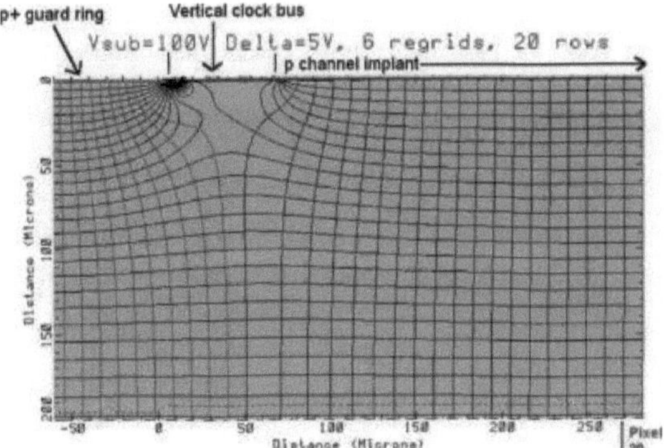

Figura 3.6: Modelo do campo elétrico no CCD a alta tensão. Repare-se que não temos qualquer distorção espacial junto ao bordo do lado esquerdo.

3.2.4 Pontilhamento de fase CCD

O Dr. Hakeem Oluseyi desenvolveu uma nova técnica designada por "CCD Phase Dithering" (Oluseyi et al. 2008), que foi concebida para obter o mesmo desempenho que a técnica padrão de dithering (Lauer 1999), mas com menos pontos e talvez mais precisão. O satélite SNAP planeia utilizar um padrão de dither 2^2. O Telescópio Espacial Hubble utilizou um padrão 3x3 e conseguiu uma resolução de 0. "03 com 0. "1 pixéis para as famosas imagens do Campo Profundo do Hubble. Como já foi referido, os desafios do dithering padrão são: (1) são necessários apontamentos de alta precisão de grandes telescópios à escala do mícron, o que é difícil de conseguir, e (2) o observatório demora tempo a mover-se e tempo para assentar as vibrações após o movimento. Assim, o processo de pontilhamento poderia ser mais eficiente e mais fiável se não fosse necessário mover fisicamente nada.

Para compreender o processo de pontilhamento de fase em contraste com o pontilhamento normal, recorde a equação (3.2):

$$I(x,y) = O(x,y) * P(x,y) * \Pi(x,y).$$ (3.2)

No dithering padrão, a cena O(x,y) era deslocada através do dispositivo enquanto $P(x,y)$ e $\Pi(x,y)$ eram mantidos constantes. Na nova técnica de dithering de fase, P(x,y) e O(x,y) são agora mantidos constantes enquanto a resposta do pixel n(x,y) varia eletronicamente.

Como exemplo, considere a Figura 3.7. Um nível de sinal de 10.000 electrões é colocado na fase-3 de um pixel do CCD, sendo a fase-1 utilizada como fase de recolha. Com o sinal nesta posição, obtém-se uma imagem. Note-se que o número de cargas recolhidas por pixels adjacentes depende da sua distância do sinal original. No segundo e terceiro painéis da Figura 3.7, o sinal foi deslocado para cair na segunda e primeira fases, respetivamente, e é obtida uma imagem em cada uma destas configurações. Este movimento do sinal dentro de um pixel é o processo de dithering. Como se vê, o número de cargas recolhidas nas fases de recolha dos pixels adjacentes é modificado em função da sua distância em relação ao local onde o sinal de 10 000 electrões incide sobre o dispositivo. Assim, para o processo de dithering, temos três pontos e três imagens.

Na Figura 3.8 ilustramos o conceito de CPD (CCD phase dithering). Em vez de mover o sinal de 10.000 electrões, mantemos o sinal na fase 3 enquanto permutamos as fases utilizadas para a recolha numa sequência de três imagens. Com este processo, podemos obter a mesma distribuição de cargas que foi gerada no processo de dithering verdadeiro, mas com apenas um apontamento. Para um CCD padrão de 3 fases, seriam necessários três apontamentos para obter um padrão de dither 3*3. Para um CCD de transferência ortogonal, pode ser necessário apenas um apontamento.

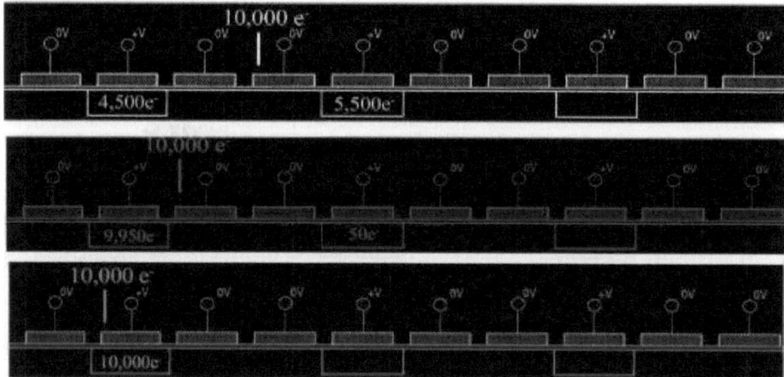

Figura 3.7: Uma ilustração da técnica de dithering padrão. Nos três painéis acima, um sinal de 10.000 electrões incide em diferentes locais ao longo de uma única fase de um CCD, que é definida por três fases adjacentes. À medida que a carga se desloca, a sua distância entre as fases de recolha adjacentes altera-se, modificando assim o sinal em cada pixel. (Cortesia de Nguyen & Oluseyi 2004)

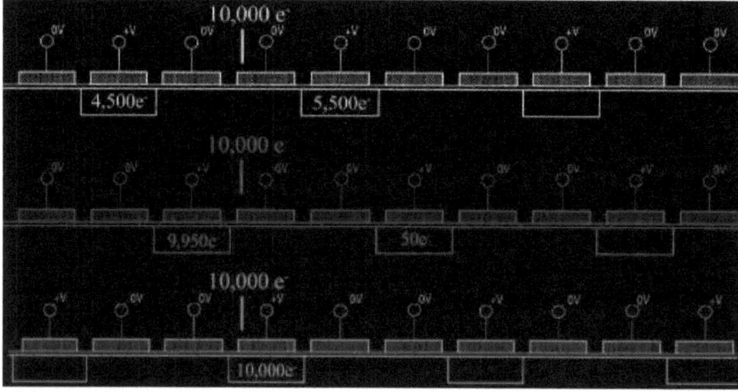

Figura 3.8: Uma ilustração da técnica de dithering de fase do CCD. Aqui o sinal é mantido numa localização constante enquanto a fase utilizada para a recolha é permutada para três imagens consecutivas. Nesta técnica, a amostragem da cena é efectuada ao nível do espaçamento entre fases e não ao nível do espaçamento entre pixels. Consequentemente, a informação de alta frequência é recuperada de forma semelhante à técnica normal de dithering, mas sem necessidade de movimentos físicos. (Cortesia de Nguyen & Oluseyi 2004)

3.3 Dados

Uma amostra dos dados pode ser vista na Figura 3.9 e um gráfico lego em grande plano do ponto no CCD pode ser visto na Figura 3.10. O primeiro conjunto de dados com que lidámos foi o do estudo intrapixel. Foi tirado um total de 52 fotogramas do ponto com o ponto focado em 10 pixéis. O segundo conjunto de dados foi o da distorção dos bordos, com três pontos por pixel, num total de 210 fotogramas. Os dados foram obtidos em duas ocasiões diferentes. A primeira foi a difusão e os dados de fase de pontilhamento e foi obtida durante o verão de 2006 pelo Dr. Hakeem Oluseyi e Jessica Williamson. Os dados da análise de bordos foram recolhidos no outono de 2006 pelo Dr. Hakeem Oluseyi e Malek Abunaemeh (Figura 3.11 e Figura 3.12).

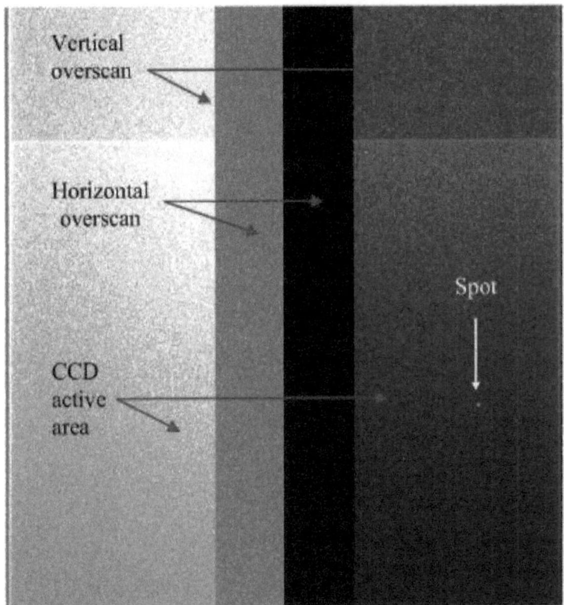

Figura 3.9: Uma amostra ilustrada dos dados.

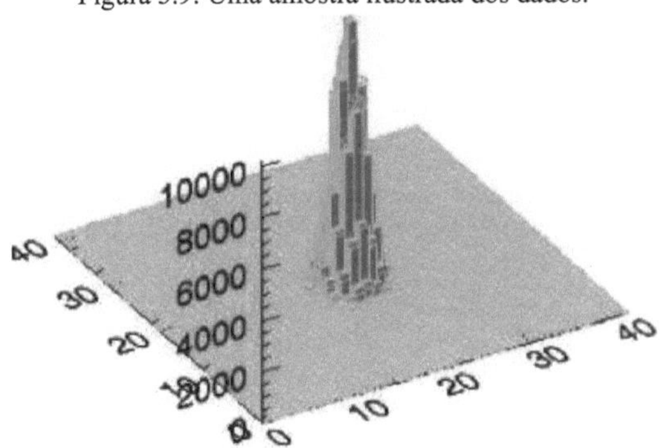
Figura 3.10: Um gráfico lego em grande plano do ponto no CCD.

Figura 3.11: Malek Abunaemeh a desmontar a montagem experimental durante o outono de 2006.

Figura 3.12: Malek Abunaemeh a desmontar a montagem experimental durante o outono de 2006.

CAPÍTULO 4

REDUÇÃO E ANÁLISE DE DADOS

Os dados foram reduzidos e analisados utilizando a linguagem de programação Interactive Data Language (IDL). Foram efectuados vários passos para processar os dados. Houve a redução inicial dos dados, a medição das grandezas fotométricas e astrométricas fundamentais a partir dos dados e o cálculo das propriedades do dispositivo a partir destas medições fundamentais. Descrevo cada passo em pormenor a seguir.

4.1 Redução preliminar de dados e consideração do ruído

O objetivo da redução preliminar dos dados era remover fontes de ruído espúrias dos dados. Assumimos que o sinal total numa área de imagem era o total do sinal de imagem mais o sinal de fundo $\langle S_{sky} \rangle$ ^ e o desvio DC da eletrónica $\langle S_E \rangle$:

$$S = S_N + n\left(\langle S_{sky} \rangle + \langle S_E \rangle\right), \tag{4.1}$$

em que SN é o sinal de dados, $\langle S_{sky} \rangle$ é o fundo médio em cada pixel, n é o número total de pixéis e $\langle S_E \rangle$: é o pedestal eletrónico. O ruído no sinal da imagem obedece à estatística de Poisson; por conseguinte, a contribuição do ruído "disparado" para cada pixel foi proporcional à raiz quadrada do sinal nesse pixel.

$$\sigma_N = \sqrt{S_N} \ . \tag{4.2}$$

O ruído da corrente escura, que constituía a maior parte do nosso sinal do céu, também segue a estatística de Poisson e era, portanto, proporcional à raiz quadrada do sinal da corrente escura no pixel.

$$\sigma_{DC} = \sqrt{S_{DC}} \ . \tag{4.3}$$

O ruído eletrónico é a soma em quadratura do ruído de leitura do CCD $_{crR}$, do ruído do pré-amplificador σ_{PA} e do ruído da placa de vídeo do controlador, que controla a leitura e a conversão analógica para digital σ_{VB}.

$$\sigma_E = \sqrt{\sigma_R^2 + \sigma_{PA}^2 + \sigma_{VB}^2} \ . \tag{4.4}$$

O ruído total, N, era a soma em quadratura do ruído de disparo, do ruído de fundo e do ruído eletrónico. Assim, o sinal total num pixel é, na realidade, dado por,

$$S = S_N + n\left(\langle S_{sky} \rangle + \langle S_E \rangle\right) \pm N. \tag{4.5}$$

Outros sinais de ruído foram gerados na análise quando o sinal de fundo e o pedestal eletrónico foram subtraídos do sinal total para obter o sinal de imagem. Estas fontes de ruído eram proporcionais ao número total de pixéis utilizados para calcular o sinal total da imagem e inversamente proporcionais ao número de pixéis utilizados para calcular as respectivas contribuições de ruído. O ruído total N na região foi, portanto,

$$N = \sqrt{\left(S - n\langle S_{sky} \rangle\right)/G + n\sigma_{sky}^2 + n\sigma_E^2 + n\sigma_{sky}^2/p_{sky} + n\sigma_E^2/p_E} \ , \tag{4.6}$$

em que $_G$ é o ganho do CCD, $_n$ é o número total de pixéis utilizado para determinar a

sinal S, $_{ep}$ é o número total de pixéis utilizados para determinar as contribuições do ruído.
O rácio sinal/ruído dos dados resultantes é dado por

$$\frac{S_N}{N} \approx \frac{S - n\left(\langle S_{sky}\rangle + \langle S_E\rangle\right)}{\sqrt{\left(S - n\langle S_{sky}\rangle\right)/G + n\sigma_{sky}^2 + n\sigma_E^2 + n\sigma_{sky}^2 / p_{sky} + n\sigma_E^2 / p_E}} \, . \tag{4.7}$$

O desvio eletrónico DC, $\langle S_E\rangle$: , foi determinado através da análise do sinal de sobredigitalização horizontal em cada imagem. Para tal, tomou-se o valor médio da região de sobredigitalização em cada linha e subtraiu-se este valor a cada pixel de dados na linha de destino, de forma iterativa, para cada linha do dispositivo. O sinal total remanescente numa área de imagem após esta operação era o total do sinal de imagem e do sinal de fundo devido à corrente escura ou a fugas de luz. A figura 4.1 mostra imagens antes e depois da subtração do desvio DC da eletrónica. Nas imagens apresentadas, foi removido um valor constante, considerado como a média de toda a região de sobredigitalização, de acordo com as equações acima. As imagens ilustradas são equalizadas por histograma para realçar as variações existentes.

Figura 4.1: A imagem da esquerda representa a subtração pré-overscan e a imagem da direita representa a subtração pós-overscan.

O passo seguinte consistiu em selecionar uma região de interesse (ROI) em torno do ponto, calcular o seu sinal total e estimar o seu fundo. A ROI selecionada foi de 40 x 40 pixels, com um n = 1600. Calculámos o fundo através de dois métodos diferentes. O primeiro método utilizado foi o chamado método do céu. Para tal, foram seleccionadas as duas primeiras linhas e as duas últimas linhas, bem como as duas primeiras colunas e as duas últimas colunas da região, num total de p = 320 pixels. O valor médio dos 320 píxeis foi calculado e subtraído de cada píxel da ROI. O resultado foi o sinal $_{SN}$ subtraído do fundo e do pedestal eletrónico. A desvantagem deste método é o facto de assumir que o valor de fundo para cada pixel é constante, o que obviamente não é necessariamente verdade. Em pequenas regiões, como as que utilizámos na nossa análise, o fundo era aproximadamente constante. Para regiões verticais mais extensas, havia um gradiente óbvio.
De seguida, calculámos o fundo através do método de relaxamento de pontos. Em primeiro lugar, definimos uma ROI de 40x40 pixels à volta do ponto. O fundo foi calculado mantendo os pixéis da extremidade, que se assume conterem apenas o fundo, e relaxando o interior, que

é um alisamento de 3 pixéis. O relaxamento de pontos só pode diminuir o valor de cada pixel, pelo que se evita a sobrestimação do fundo. Este processo calculou a superfície de área mínima que liga os pixéis de borda. Por definição, os pixéis de borda da imagem resultante serão todos zero. De seguida, subtraímos o modelo de fundo da ROI original. O resultado foi o sinal subtraído do fundo na ROI. Este método pode lidar com quaisquer gradientes que possam existir. De seguida, somámos os valores da ROI para obter o sinal integrado. A Figura 4.2 mostra uma vista em bruto da região e a Figura 4.3 ilustra a superfície gerada pelo método de relaxamento de pontos. Embora o nível de sinal do ponto tenha excedido 10.000 ADU, a figura trunca a parte superior do ponto para mostrar as variações no nível de fundo. Embora o nível do fundo seja apenas de cerca de 10 contagens por pixel, a nossa região continha 1600 pixéis. Assim, a contribuição do fundo não era negligenciável. A Figura 4.4 mostra a região depois de o fundo ter sido subtraído. Aqui a variação do fundo é substancialmente reduzida.

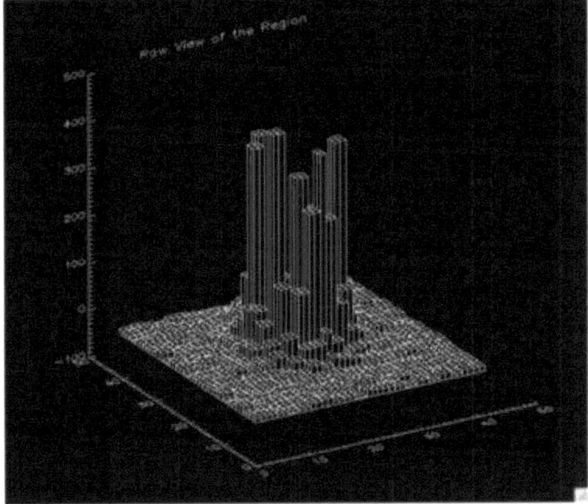

Figura 4.2: Uma vista da região antes da subtração do fundo.

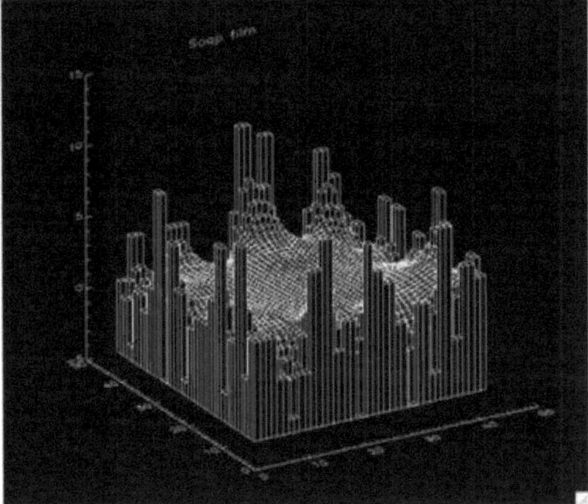

Figura 4.3: Ilustração da superfície gerada pelo método de subtração de fundo.

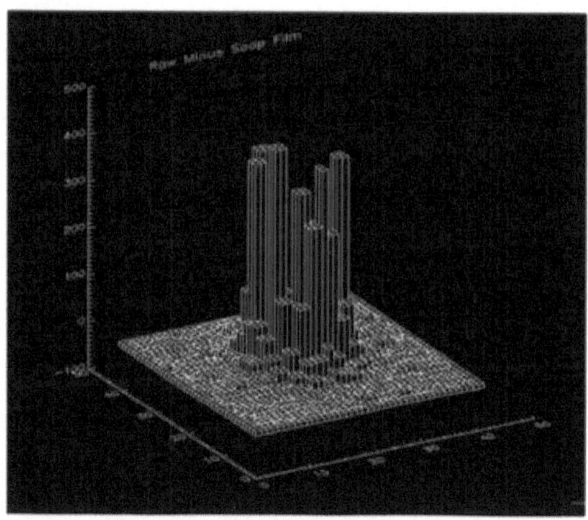

Figura 4.4: Ilustração da região após a subtração do fundo.

A figura 4.5 mostra a comparação do sinal medido utilizando as duas técnicas diferentes de subtração de fundo. Os dois métodos produziram quase o mesmo resultado com um nível de sinal de cerca de 12300. Em valores mais baixos, o método de relaxamento de pontos apresentou sistematicamente um nível de sinal mais elevado do que o método do céu, mas o oposto foi verdadeiro para níveis de sinal superiores a 12300. No entanto, a dispersão dos valores é demasiado grande para sugerir que se trata de uma tendência geral. Em cada valor, é possível encontrar excepções.

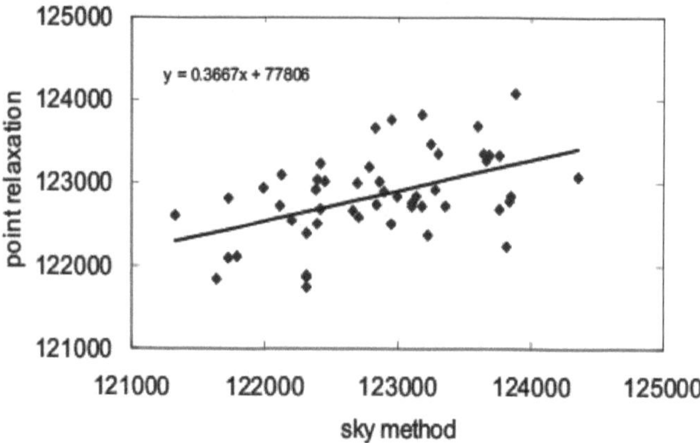

Figura 4.5: Método de relaxamento pontual vs. método do céu.

4.2 Medição das grandezas físicas fundamentais

Duas quantidades primárias medidas nos dados foram o nível de sinal da mancha e a forma da mancha. A partir destas medições, encontrámos as propriedades fotométricas e astrométricas dos dados. O nível de sinal da mancha foi medido a partir da subtração de fundo descrita anteriormente, enquanto a forma da mancha foi medida através da adaptação de uma função gaussiana bidimensional à mancha. A Gaussiana 2D utilizou a seguinte equação:

$$F(x,y) = A_0 + A_1 e^{\frac{-U}{2}}, \qquad (4.8)$$

em que Ao é o termo constante que mostra a altura da região circundante em torno do ponto que é superior a zero e A1 é a amplitude da Gaussiana. U é uma função elíptica e é definida como

$$U = \left(\frac{x'}{a}\right)^2 + \left(\frac{y'}{b}\right)^2, \qquad (4.9)$$

em que a é a largura da Gaussiana na direção x e b é a largura da Gaussiana na direção y. Os comprimentos dos eixos são 2a e 2b. As variáveis x' e y' são as coordenadas de rotação do ângulo e são definidas como

$$x' = (x - h)\cos\theta - (y - k)\sin\theta, \qquad (4.10)$$

$$y' = (x - h)\sin\theta + (y - k)\cos\theta, \qquad (4.11)$$

em que as coordenadas do centróide são (h,k). A dimensão de θ é em Dradianos, medida a partir do eixo x no sentido dos ponteiros do relógio. A rotina IDL MPFIT2DPEAK foi utilizada para efetuar o ajuste.

4.3 Fontes de erro

Lidámos com as incertezas sistemáticas conhecidas nas medições, como a difusão lateral da carga que afecta as medições fotométricas, a estabilidade da fonte de luz que afecta as medições fotométricas, a variação da sensibilidade pixel a pixel que afecta as medições fotométricas e a estabilidade da temperatura do CCD que afecta as medições fotométricas.

4.3.1 Estabilidade da fonte de luz

A fonte de luz utilizada na experiência foi muito importante, uma vez que pode contribuir para as incertezas das medições de várias formas. A estabilidade da própria fonte de luz foi um fator que pode afetar as medições da resposta do CCD. Se a luz estivesse a variar, não poderíamos determinar se a variação medida nas nossas imagens se devia à luz ou à resposta do CCD. A descrição do circuito de controlo da lâmpada da Labsphere, Inc. indica que este mantém uma variação de 0,03% ou menos na corrente fornecida à lâmpada, pelo que a luz deve ser estável e o erro deve ser pequeno.

Outro fator que pode ter modificado a luminosidade da lâmpada foi a temperatura da lâmpada. Esta depende um pouco da temperatura ambiente. O filamento da lâmpada brilha devido ao aquecimento óhmico de acordo com a equação de Planck (equação 4.12), que descreve a radiância espetral da radiação electromagnética em todos os comprimentos de onda de um corpo negro a uma determinada temperatura.

$$I(\lambda,T) = \frac{2\hbar c^2}{\lambda^5} \frac{1}{e^{\frac{\hbar c}{k_B T \lambda}} - 1}. \qquad (4.12)$$

Aqui I(X,t) é a radiância espetral, T é a temperatura do corpo negro, й é a constante de Planck (6,626068 x 10^{-34} J s), c é a velocidade da luz (2,99792458 x 10^8 m/s) e κ_B é a constante de Boltzmann (1,3806504 x 10-23 J/K). A experiência decorreu numa sala com temperatura controlada a cerca de ±2 K, pelo que teríamos < 0,001% de erro na intensidade para uma variação de 1 K em relação à temperatura ambiente de 25 K.

4.3.2 Fugas de luz

Foi colocado um fotodíodo calibrado na caixa escura para monitorizar as fugas de luz. Quando a fonte de iluminação foi desligada, foi medida uma corrente de cerca de 50 fA. Quando a fonte de iluminação foi ligada, a medição da corrente foi < 0,1 nA. Isto indicava que a luz difusa era cerca de "10.000th do sinal, e muito inferior a outras fontes de erro, como a luz.

4.3.3 Tempo de exposição

Outro fator de incerteza nas medições foi o tempo de exposição, que foi controlado com um obturador Uniblitz. O tempo de exposição é necessário para calcular o fluxo radiante na superfície do CCD. Durante a abertura e o fecho do obturador, as posições das lâminas do obturador são desconhecidas e a quantidade de luz que passa durante a abertura e o fecho da porta do obturador é inferior a 1% da luz total incidente no CCD. De acordo com a folha de dados da Uniblitz, o tempo de abertura do obturador foi de 6 ms e o tempo de fecho de 5 ms, o que perfaz um tempo total de transferência de 11 ms. Partindo do princípio de que os obturadores são totalmente transparentes durante a transferência do obturador, o tempo de exposição tem de ser pelo menos 100 vezes superior ao tempo de transferência para que o erro no cálculo do fluxo seja inferior a 1%. O tempo de exposição para a experiência foi de três segundos, pelo que o erro que contribuiu foi negligenciável.

$$t_{exposure} \geq 100 \times t_{transfer}, \qquad\qquad (4.13)$$

CAPÍTULO 5

RESULTADOS E DISCUSSÃO

5.1 Medição da difusão lateral

A partir da técnica do gume de faca virtual acima referida e como se mostra na Figura 5.1, o patamar à esquerda mostra o sinal quando o ponto estava dentro do quadrado de integração. À medida que o feixe no quadrado de integração se afasta do quadrado de integração, o nível do sinal começa a diminuir e desce até o feixe estar fora do quadrado de integração. Tomando a derivada da função de erro da figura 5.1, obtém-se uma distribuição gaussiana, que mostra o perfil e a forma do feixe como na figura 5.2. A largura rms medida do feixe, tal como lida pelo CCD σ_{vke}, é dada pelo desvio padrão do ajuste gaussiano aos dados. O valor de σ_{vke} a partir dos dados foi encontrado como sendo 7,5 цт. Substituindo este valor na equação (3.1), juntamente com a largura rms determinada a partir da experiência real do gume de faca $\sigma_{ke} = 1.3\ \mu m$, , encontramos o valor da difusão rms:

$$\sigma_{rms} = \sqrt{\sigma_{vke}^2 - \sigma_{ke}^2} = \sqrt{(7.5)^2 - (1.3)^2} = 7.4. \tag{5.1}$$

Assim, a difusão rms é $\sigma_{rms} = 7.41\ \mu m.$. Este valor é consistente com medições anteriores da difusão nestes dispositivos (Karcher et al. 2004).

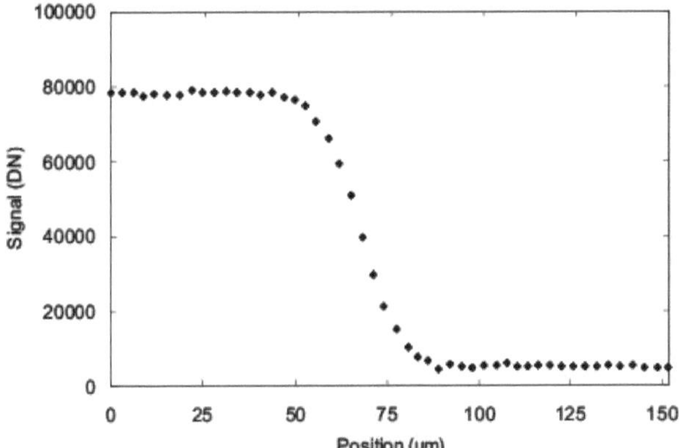

Figura 5.1: O sinal no quadrado de integração vs. a posição do feixe no CCD. O patamar à esquerda mostra o sinal no interior do quadrado de integração quando o feixe se encontra no quadrado de integração. À medida que o feixe sai do quadrado de integração, o nível do sinal diminui. Depois de o feixe estar fora do quadrado de integração, o nível do sinal está no seu nível mais baixo.

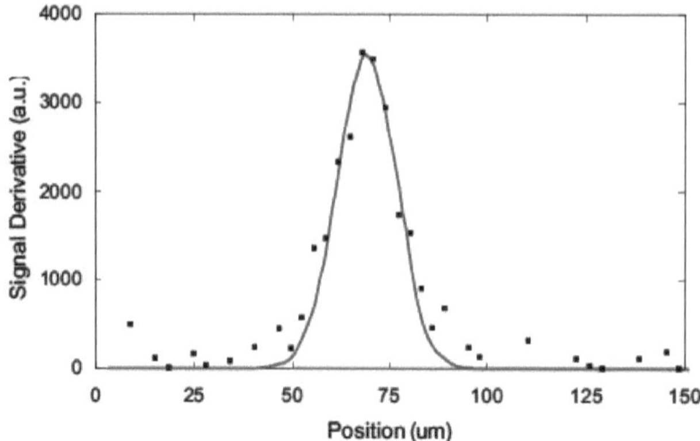

Figura 5.2: A derivada do sinal vs. a posição do feixe. Os pontos representam os valores dos dados, enquanto a curva representa a adaptação gaussiana aos dados. O desvio padrão do ajuste gaussiano é considerado como a largura rms medida do feixe, tal como lida pelo CCD.

5.2 Medição das variações de sensibilidade intrapixel

Na Secção 3.2.2, descrevemos o padrão de apontamento pretendido, concebido para obter um padrão de apontamento 3^3 dentro de três pixels (ver Figura 3.9). Para determinar o apontamento real alcançado, traçámos os centróides dos pontos calculados a partir do nosso ajuste Gaussiano 2D (Figura 5.3). Os erros do ajuste (" 0,05 píxeis), determinados pelo algoritmo MPFIT2DPEAK, são apresentados como barras de erro nos dados. Vemos que, de facto, atingimos o padrão de apontamento desejado para os nossos três pixels alvo. Por exemplo, se olharmos para o pixel 21 a 22 no eixo x e 18 a 19 no eixo y, existem nove apontamentos num único pixel.

De seguida, pretendemos determinar as variações intrapixel observadas nos nossos dados. A Figura 5.4 mostra os valores de sinal medidos a partir dos dados para todas as 52 imagens utilizando o método de subtração de fundo por relaxamento de pontos. As estatísticas dos dados foram calculadas para cada método de subtração de fundo. Para o método de subtração do fundo do céu, a mediana do sinal foi de 1,229*105 ADU, a média foi de

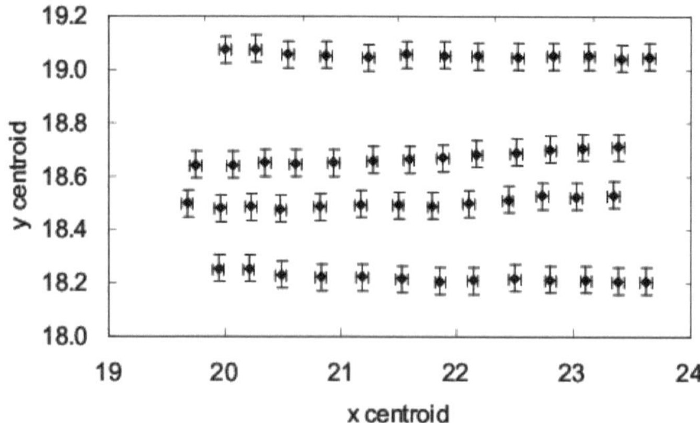

Figura 5.3: centróide y vs. centróide x do ponto que se move através do CCD; repare que

34

entre cada pixel conseguimos um apontamento 3*3.

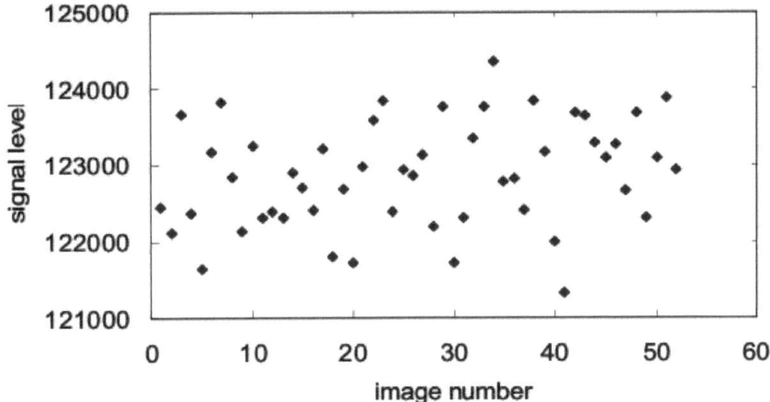

Figura 5.4: Nível de sinal vs. número de imagens para todas as 52 imagens.

1,229x105 ADU, e o desvio padrão foi de 961,6 ADU. Para o método de subtração de fundo por relaxamento pontual, a mediana do sinal foi de 1,229x105 ADU, a média foi de $1,229\text{x}10^5$ ADU e o desvio padrão foi de 716,8 ADU.

Para avaliar as variações intrapixel de forma consistente, foi necessário ter em conta as variações pixel a pixel nos dados. Normalmente, isto é feito dividindo uma imagem por um "campo plano" de nível de exposição semelhante. Um campo plano é uma imagem obtida com uma iluminação uniforme sobre o dispositivo. A nossa configuração experimental não permitiu uma iluminação de campo plano. Por isso, realizámos um campo plano virtual dividindo os nove valores em cada um dos nossos três pixels alvo pelo valor médio dos nove. Deste modo, podemos examinar cada pixel independentemente e determinar o desvio da média para cada um dos nove pontos.

O primeiro píxel examinado foi do píxel 20 ao píxel 21 para o eixo x e entre os píxeis 18 e 19 para o eixo y. A mediana do sinal para este pixel foi de 1,228x105 e a média de 1,228x105. A Figura 5.5 mostra o desvio da média em relação ao centróide x e a Figura 5.6 mostra o desvio da média em relação ao centróide y. Em ambas as figuras, o erro foi inferior a ± 1,3%.

O segundo apontamento 3x3 foi do pixel 21 ao pixel 22 para o eixo x e entre o pixel 18 e 19 para o eixo y (Figura 5.6). A Figura 5.8 mostra o desvio da média em relação ao centróide x e a Figura 5.9 mostra o desvio da média em relação ao centróide y. Em ambas as figuras, o erro foi inferior a ± 1%.

O terceiro apontamento 3x3 foi do pixel 22 ao pixel 23 para o eixo x e entre o pixel 18 e 19 para o eixo y. A mediana do sinal total foi de $1,232\text{x}10^5$ e a média de $1,230\text{x}10^5$, a Figura 5.10 mostra o desvio da média em relação ao centróide x e a Figura 5.11 mostra o desvio da média em relação ao centróide y. Em ambas as figuras, o erro foi inferior a ± 1%.

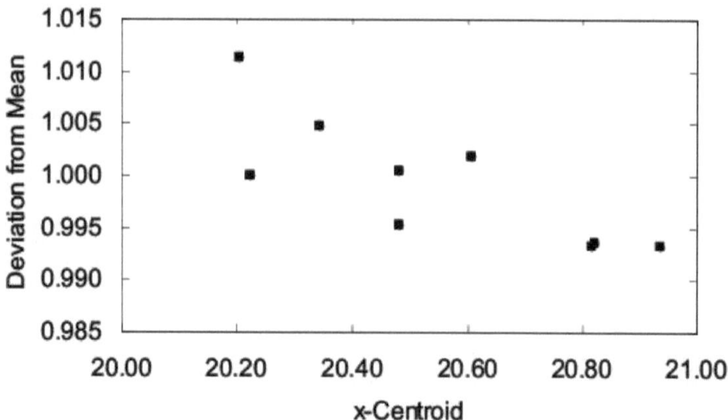

Figura 5.5: Desvio da média vs. centroide x para nove apontamentos no primeiro pixel. O desvio em relação à média foi inferior a ± 1,3%.

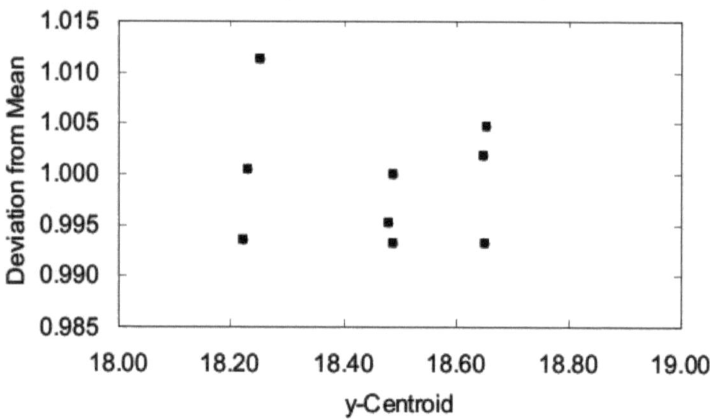

Figura 5.6: Desvio da média vs. centróide y para nove apontamentos no primeiro pixel. O desvio em relação à média foi inferior a ± 1,3%.

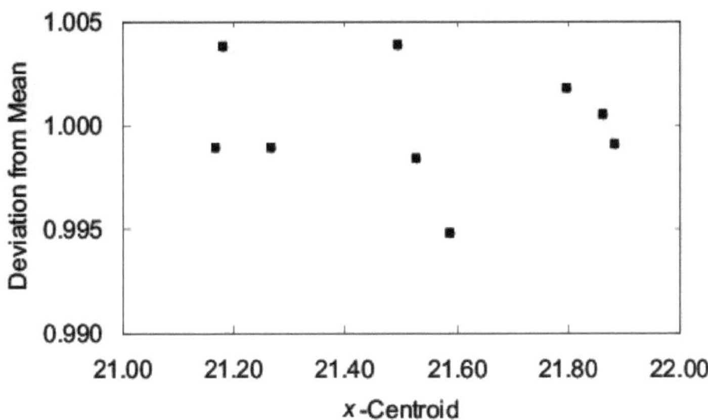

Figura 5.7: Desvio da média vs. centróide x para nove apontamentos dentro do segundo pixel. O desvio em relação à média foi inferior a ± 0,5%.

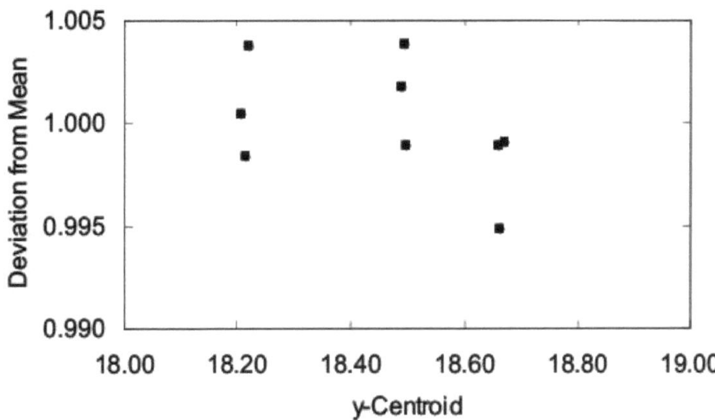

Figura 5.8: Desvio da média vs. centróide y para nove apontamentos dentro do segundo pixel. O desvio em relação à média foi inferior a ± 0,5%.

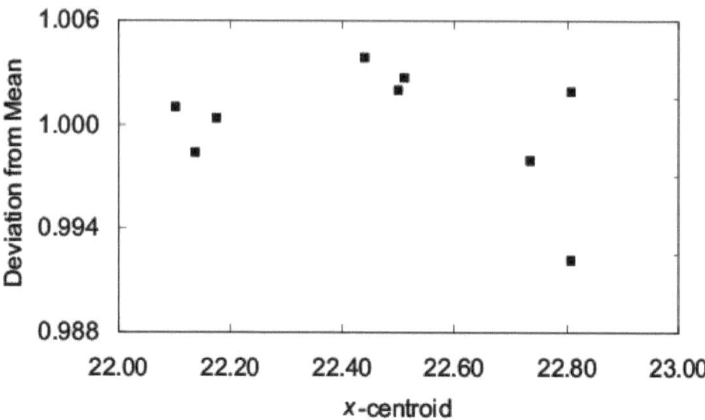

Figura 5.9: Desvio da média vs. centróide x para nove apontamentos dentro do terceiro pixel. O desvio em relação à média foi inferior a ± 0,5%.

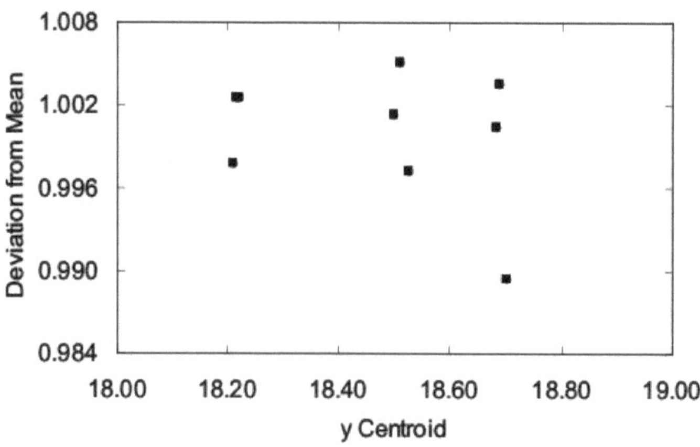

Figura 5.10: Desvio da média vs. centróide y para nove apontamentos dentro do segundo pixel. O desvio em relação à média foi inferior a ± 0,5%.

O requisito da fotometria para a ciência SNAP é uma medição com 2% de precisão das magnitudes absolutas das supernovas. O objetivo desta parte do estudo era determinar se existiam variações na escala intrapixel a um nível que pudesse afetar negativamente as medições fotométricas. Os resultados aqui obtidos indicam que, de facto, existem variações intrapixel; no entanto, são inferiores ao nível de 1% em quase todos os casos. Concluímos que as variações intrapixel nos CCDs de canal p, espessos, de alta resistividade e retroiluminados estão a um nível aceitável para efetuar medições fotométricas absolutas de precisão.

5.3 Medição da difusão de bordos

O estudo da difusão nos bordos consistiu em 210 imagens com um ponto a mover-se do interior para o bordo do dispositivo, sendo cada movimento uma fração de um pixel de cada vez. De seguida, apresentamos a dimensão x do ponto (Figura 5.11) e a dimensão y do ponto (Figura 5.12), conforme medido pelo nosso ajuste gaussiano 2D. Os valores apresentados são os desvios padrão do ajuste.

Como se pode ver na Figura 5.11, a dimensão x do ponto diminui à medida que nos aproximamos da extremidade, exatamente como esperado. Isto deve-se ao facto de o ponto ser truncado à medida que se afasta da extremidade ativa do dispositivo. Note-se que na Figura 5.11 o bordo do dispositivo tem uma linha vertical brilhante. Para efetuar o ajuste aos dados nesta região, a linha teve de ser removida. Selecionar a região em branco acima da mancha e utilizá-la como máscara para subtrair da região que contém a mancha fez isso. Acreditamos que o aumento da dimensão x da mancha que começa por volta da imagem 100 é um artefacto do processo de subtração.

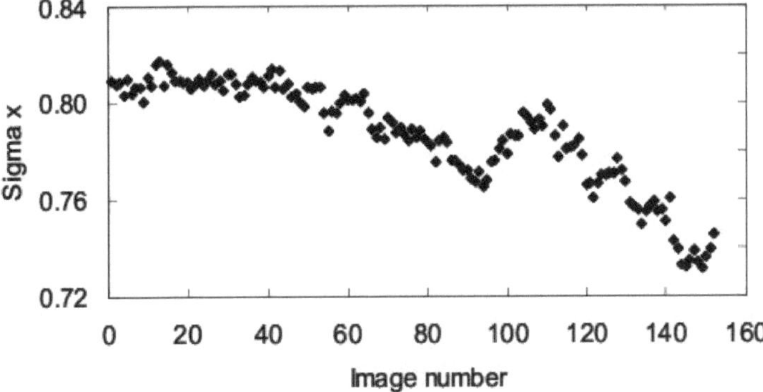

Figura 5.11: Os valores medidos da Gaussiana na direção x (a_x) vs. o número de imagens. (a_x) diminui sistematicamente à medida que o ponto é truncado na extremidade da área ativa do dispositivo. O aumento em torno da imagem 100 pode ser um artefacto da remoção do bordo brilhante através de uma técnica de máscara.

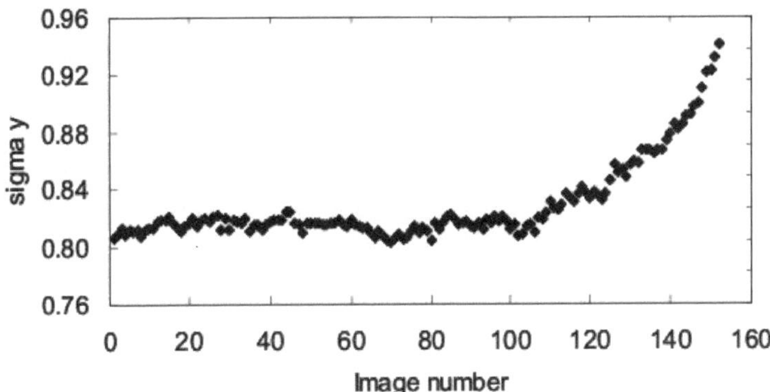

Figura 5.12: Os valores medidos da Gaussiana na direção y (a_y) vs. o número de imagens. a_y aumenta vertiginosamente no limite da área ativa do dispositivo, tal como previsto pelo modelo TSUPREME.

Como se pode ver na Figura 5.12, a dimensão y da mancha aumentou à medida que se aproximava do bordo, tal como previsto pelo modelo TSUPREME. A meia-largura da mancha aumentou de cerca de 0,8 píxeis para cerca de 0,95 píxeis. Isto representa um aumento de 19% na largura do ponto, o que implica um aumento efetivo da difusão lateral de 7,4 pm para 8,8 pm. Estas distorções espaciais são causadas por um campo elétrico não uniforme gerado perto do bordo do dispositivo quando é aplicada uma tensão de polarização baixa.

O satélite SNAP utilizará provavelmente dispositivos um terço mais finos e dispositivos compatíveis com alta tensão. Estas soluções minimizarão o efeito do aumento da difusão efectiva, mas não o eliminarão. Além disso, o dispositivo de baixa tensão aqui utilizado é do tipo que tem tido uma utilização limitada nos observatórios terrestres. A informação aqui obtida será fundamental para permitir que estes observatórios terrestres determinem a região do dispositivo que pode ser utilizada para medições astrométricas de precisão. Notamos que o máximo efetivo aqui medido é ainda muito melhor do que a difusão típica de " 20 pm que é típica em CCDs astronómicos finos e retroiluminados.

5.4 Análise do dither de fase

Um padrão de dither frequentemente utilizado contém nove pontos num único pixel. Como já foi referido, estes apontamentos sub-pixel de um observatório de grandes dimensões são extremamente difíceis. Muitas vezes, o apontamento obtido pode diferir substancialmente do apontamento comandado. Outro desafio para as técnicas de dither é o facto de ser necessário algum tempo para voltar a apontar o telescópio e permitir que este assente e deixe de vibrar em resultado do movimento. O dither de fase do CCD (CPD) foi concebido como uma técnica que requer muito menos apontamentos e menos tempo para obter o mesmo resultado. Para um CCD normal de 3 fases, uma amostragem de 3^3 sub-pixéis exigiria apenas três alinhamentos de alta precisão em vez de nove. Este método pode também diminuir o erro entre o alinhamento comandado e o alinhamento efetivo. A técnica de dithering de fase diminuirá em dois terços o tempo utilizado para realinhar o telescópio e para a estabilização do telescópio. Se for utilizado um CCD de transferência ortogonal, poderá ser necessário apenas um apontamento.

Tal como descrito na Secção 3.2.4, realizámos uma experiência concetual e de viabilidade para testar o conceito CPD. Utilizámos três apontamentos para obter um padrão de apontamento intrapixel 3x3, como ilustrado na Figura 3.9. Para cada posição de apontamento, a fase utilizada para a recolha foi permutada entre as três fases. Se esta técnica fosse bem sucedida, então deveríamos ver as posições do ponto moverem-se com a fase de recolha utilizada. A Figura 5.13 mostra o centróide x vs. centróide y medido a partir da sequência de quatro apontamentos e com a utilização da técnica CPD. Verificamos que o movimento do ponto com a fase de recolha utilizada foi efetivamente conseguido. O ponto foi deslocado da esquerda para a direita na direção x. A fase de recolha utilizada de cima para baixo foi a fase 3, a fase 1 e a fase 2.

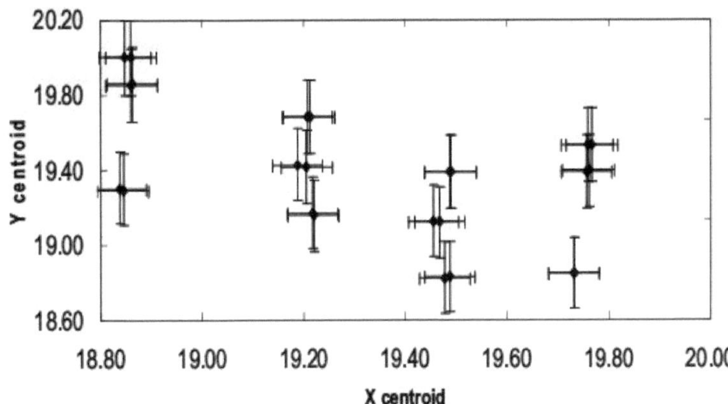

Figura 5.13: Valores medidos do centróide x vs. centróide y para a técnica de dither de fase. O ponto foi deslocado para quatro pontos da esquerda para a direita e foi tirada uma sequência de três imagens em cada posição. A fase do CCD utilizada para a recolha foi permutada em cada uma das três imagens. A fase de recolha utilizada que se correlaciona com as posições do centróide para cada ponto, de cima para baixo, foi a fase-3, a fase-1 e a fase-2. Note-se que, por uma questão de segurança, tirámos duas imagens para cada fase. É por isso que existem dois pontos em cada posição.

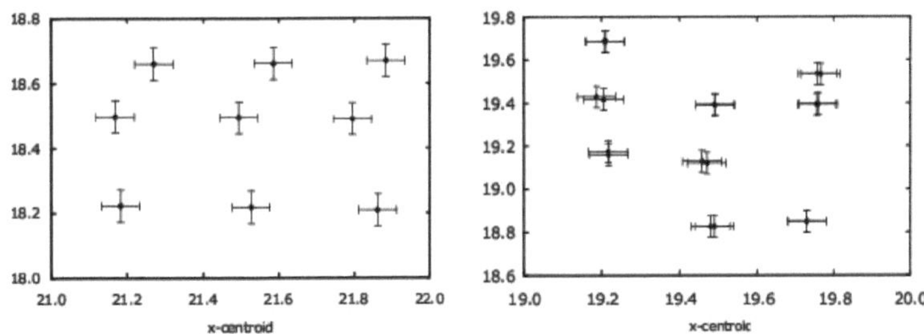

Figura 5.14: A comparação das posições dithered (esquerda) e phase dithered (direita) ilustra o potencial e os desafios da nova técnica. A imagem da direita mostra um espaçamento mais regular dos pontos. Embora isto tenha sido conseguido no laboratório, este desempenho não é normalmente obtido em observatórios. As posições CPD à direita mostram o padrão 3x3 obtido para o nosso pixel alvo. Embora as posições não tenham um espaçamento tão regular como na imagem da esquerda, o padrão de apontamento sub-pixel 3x3 desejado foi alcançado, ilustrando a viabilidade desta nova técnica.

A Figura 5.14 mostra uma comparação entre um padrão dither 3*3 obtido com nove apontamentos e um padrão dither de fase 3*3 obtido com apenas três apontamentos. Note-se que, para os dados CPD, obtivemos duas exposições em cada (ponto, fase) por razões de segurança. Estes dados mostram que a posição do ponto foi efetivamente deslocada para o método de dither de fase.

Notamos que, embora viável, a técnica CPD apresenta alguns desafios potenciais. Os CCD não estão atualmente concebidos para realizar esta tarefa e, por isso, as fases dos pixels não são todas idênticas. A Figura 5.15 mostra as imagens obtidas com cada uma das três fases utilizadas para a recolha, respetivamente. Note-se o ruído extra que está presente na imagem quando a fase-3 foi utilizada para a recolha. Outro desafio do procedimento CPD é o facto de impossibilitar a utilização de deslocamentos de pixéis inteiros. Esta é a técnica utilizada para evitar colunas e píxeis quentes ou colunas e píxeis mortos. Com o CPD, os desvios são necessariamente todos ao nível do subpixel. Assim, o CPD pode ser utilizado para melhorar a fidelidade fotométrica e astrométrica dos dados, mas não pode ser utilizado para evitar pixéis defeituosos. Finalmente, se os observadores desejarem utilizar o CPD de forma fiável, pode ser necessário modificar o fabrico do CCD para tornar todas as fases idênticas. Pode também ser necessária uma porta de transferência adicional no final do registo paralelo para resolver o problema da fase 3.

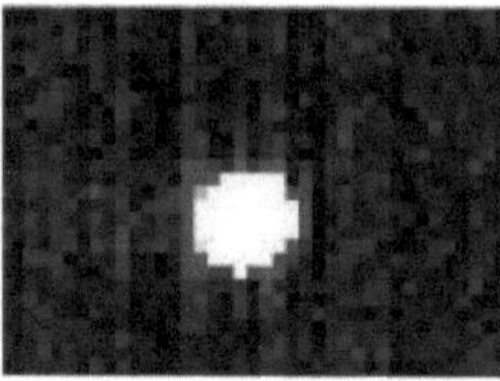

Figura 5.15: Imagens obtidas utilizando cada uma das três fases de recolha. São elas, da esquerda para a direita: fase-1, fase-2 e fase-3. Note-se que há ruído extra na imagem da fase-3. Isto pode dever-se ao facto de a fase-3 se encontrar no final do registo de transferência paralela, junto à porta de transferência. É necessário que a fase-3 seja fechada quando a porta de transferência é aberta. A adição de uma porta de transferência adicional ou a utilização de recolha de fase dupla pode melhorar este problema.

A Figura 5.16 mostra os valores de sinal medidos a partir dos dados de 16 imagens obtidas com a técnica CPD utilizando o método de subtração de fundo de relaxação pontual. As estatísticas dos dados foram calculadas para cada método de subtração de fundo. Para o método de subtração do fundo do céu, a mediana do sinal foi de 1,218*105 UDA, a média foi de 1,219*105 UDA e o desvio padrão foi de 927,8 UDA. Para o método de subtração de fundo por relaxamento pontual, a mediana do sinal foi de $1,220*10^5$ ADU, a média foi de $1,219*10^5$ ADU e o desvio padrão foi de 668,7 ADU. O desvio observado situa-se ao nível de 0,76% e 0,55%, respetivamente. O desvio da média dos dois conjuntos de dados foi de 0,27% e 0,19%, respetivamente. Quando comparados com os dados das variações intrapixel, verificamos que o fluxo médio para cada conjunto de dados diferia apenas em 0,33%. Esta variação está numa escala semelhante à das variações de sensibilidade intrapixel medidas, o que sugere que não houve diferença substancial no desempenho da fotometria para os dados não combinados.

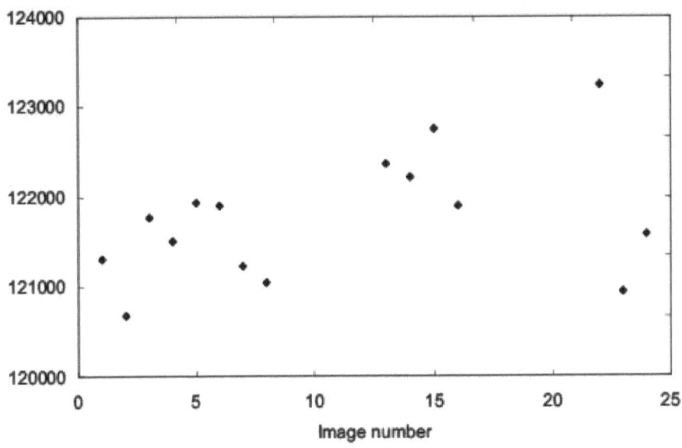

Figura 5.16: Nível de sinal vs. número de imagens para os dados CPD.

Em agosto de 2006, Oluseyi, Williamson, Rubin, Karcher e Roe mostraram superimagens que foram formadas a partir dos dois conjuntos de dados (Figura 5.17) utilizando o algoritmo Drizzle para combinar as imagens. As imagens obtidas com o dithered e o phase dithered tinham uma resolução praticamente idêntica. O nosso resultado mostrou o movimento real do ponto e comparou o desempenho fotométrico da técnica CPD com o verdadeiro dithering.

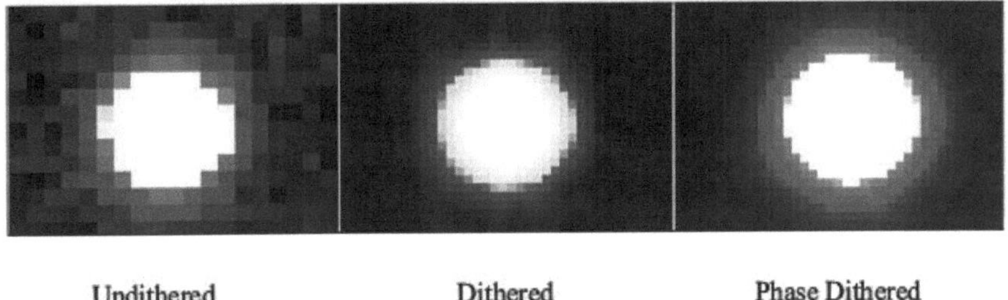

Sem dígrafo Fase dígrafo

Figura 5.17: Comparação da resolução espacial sem dither, com dither e com dither de fase.

CAPÍTULO 6

CONCLUSÕES

Utilizei várias técnicas para medir o desempenho fotométrico e espacial de um CCD de 300 ppm de espessura, 10,5 ppm de píxeis, formato 1,4k*1,4k, alta resistividade, canal p, operado totalmente esgotado. A difusão lateral no nosso dispositivo foi medida em 7,41 pm no centro do dispositivo, de acordo com medições anteriores do desempenho deste dispositivo (Karcher et al. 2004). Medimos as variações de sensibilidade intrapixel para três pixéis e verificámos que, na maioria dos casos, as variações eram inferiores a ± 0,5%. O requisito da fotometria para a ciência SNAP é uma medição com 2% de precisão das magnitudes absolutas das supernovas. Concluímos que as variações intrapixel nos CCDs de canal p, espessos, de alta resistividade e retroiluminados, medidas nesta tese, estão a um nível aceitável para efetuar medições de fotometria absoluta de precisão.

Avaliámos a difusão de cargas perto do bordo do dispositivo e verificámos que ocorre um aumento efetivo da difusão lateral de " 19% na direção vertical à medida que o ponto se aproxima do bordo. Não foi observada qualquer difusão apreciável na direção x. O satélite SNAP só pode ter uma difusão de 4 pm para efetuar corretamente a lente gravitacional fraca. O satélite SNAP irá provavelmente utilizar dispositivos um terço mais finos e dispositivos compatíveis com alta tensão. Estas medidas minimizarão o efeito do aumento da difusão efectiva, mas não o eliminarão. A difusão mínima medida até agora em CCDs de alta voltagem com 200 pm de espessura deste tipo (Farifield et al. 2006) foi de 3,8 pm. Estes dispositivos só poderão ter um aumento de 5% na difusão lateral. Assim, a questão da difusão lateral perto da borda do dispositivo é definitivamente relevante para a ciência SNAP. Além disso, o dispositivo de baixa tensão aqui utilizado é do tipo que tem tido uma utilização limitada em observatórios terrestres. Esta informação será fundamental para permitir que estes observatórios terrestres determinem a região do dispositivo que pode ser utilizada para medições astrométricas de precisão. Notamos que a difusão máxima efectiva aqui medida é ainda muito melhor do que a difusão típica de 15 pm a 20 pm que é típica em CCDs astronómicos finos e retroiluminados. Os nossos resultados sugerem que o aumento da difusão lateral perto dos bordos do dispositivo deve ser considerado para a ciência SNAP e para os dispositivos atualmente utilizados.

Comparámos o fluxo das imagens normalmente dithered com as imagens phase dithered. O fluxo médio medido para os conjuntos de dados dithered e CPD diferiu em 0,33%. O desvio dentro das séries foi de 0,06% para o dithered e tão pouco como 0,19% para o phase dithered. A fase do CCD mostra-se promissora para utilização em casos em que a precisão do apontamento do desvio pode ser um desafio ou o tempo de observação é limitado. As melhorias na fidelidade fotométrica e astrométrica proporcionadas pelo pontilhamento normal estão disponíveis através da técnica de pontilhamento de fase do CCD.

APÊNDICE

APÊNDICE A
MEDIÇÃO DA ENERGIA ESCURA

Há duas técnicas para medir a energia escura que estão maduras e possuem incertezas sistemáticas razoáveis. São as técnicas conhecidas como Supernova Ia Cosmology (Colgate 1979; Perlmutter et al. 1995) e Gravitational Weak Lensing (Bernstein & Jain 2004). De seguida, descrevo brevemente cada uma destas técnicas.

A.1 Cosmologia da Supernova Ia

A maioria das supernovas envolve a explosão de uma estrela muito grande, na qual a estrela pode atingir uma luminosidade intrínseca máxima que é mil milhões de vezes superior à do Sol. As supernovas são normalmente a fase final da vida de uma estrela. A gravidade puxa a massa de uma estrela para o seu centro, mas a energia radiante que emana do núcleo em resultado das reacções de fusão impede que as camadas exteriores caiam para o interior. Quando o núcleo da estrela fica sem combustível nuclear, a energia radiante desaparece e temos então o colapso gravitacional da estrela seguido de um ressalto do núcleo que resulta na explosão da supernova. As supernovas ocorrem em diferentes situações, e é por isso que as classificamos por tipos e subtipos: Tipo Ia, Tipo Ib, Tipo Ic e Tipo II. O tipo de supernova é estritamente determinado pelo aspeto do seu espetro. Todas as supernovas do Tipo I, por exemplo, não apresentam hidrogénio nos seus espectros.

Um tipo de supernova em particular, as supernovas de tipo Ia (SNe Ia), pode servir como indicador de distância cosmológica. Pensa-se que as SNe Ia são o resultado de uma transferência lenta de massa num sistema binário para uma anã branca. Quando a massa da anã branca se aproxima do limite de Chandrasekhar (a massa máxima de uma estrela anã branca, " 1,44 massas solares), a anã branca pode explodir, aniquilando-se completamente. A classificação de uma SN como Tipo Ia baseia-se na presença de uma forte linha Si II com um mínimo próximo de 615 nm no seu espetro e sem hidrogénio (Figura A.1). Outros indicadores espectrais incluem a caraterística "W" de S II entre 0,5 nm e 0,6 nm, e linhas H&K largas de Ca II logo após 0,4 nm. As SNe Ia são o único subtipo de SN que ocorre em galáxias elípticas. Este facto apoia a noção de que o progenitor se encontra num sistema binário e não numa estrela maciça. Cerca de 70% das SNe Ia são classificadas como "Branch Normal", enquanto 15% são da variedade fraca que mostram forte Ti II e 15% são da variedade brilhante que mostram forte Fe III. Podemos encontrar um subconjunto de uma "Branch Normal" nos aglomerados de Virgem e Fornax.

Os NEE do tipo Ia são usados para medir o tamanho do Universo em função do tempo, o que é chamado de "diagrama de Hubble" (Figura A.2). Para medir o tamanho do Universo no passado, mede-se o desvio para o vermelho (redshift) de uma fonte de distância. Quando os fotões viajam através do espaço intergaláctico, os seus comprimentos de onda são esticados exatamente na mesma medida em que o espaço se expande à medida que o fotão o atravessa. Ao medir o desvio para o vermelho de um fotão, medimos a quantidade de espaço que se expandiu enquanto o fotão o atravessou. Para medir o tempo que passou desde que o fotão foi emitido na sua fonte, medimos a distância à fonte. Como a luz viaja a uma velocidade constânte e finita, podemos calcular o tempo decorrido desde que o fotão deixou a sua fonte. Fazendo essas duas medições, obtemos o tamanho do universo em função do tempo.

Os SNe do tipo Ia são ideais para efetuar esta medição devido a várias propriedades. Primeiro, os SNe Ia são muito brilhantes. De facto, são frequentemente tão brilhantes como toda a galáxia em que tiveram origem. Isto permite que sejam utilizados em vastas distâncias cosmológicas. Os seus brilhos são também muito semelhantes, uma vez que todos explodem quando a sua massa se aproxima do valor de 1,44 massas solares. Devido aos seus brilhos semelhantes, podemos determinar as suas distâncias medindo o seu brilho aparente. De facto, estas distâncias são fiáveis e superiores a 15%, quando comparadas com outros métodos. O seu brilho também não se altera com o passar do tempo no Universo. Estas propriedades fazem do SNe Ia uma vela padrão ideal para efetuar medições cosmológicas. Para tal, precisamos de medir o seu desvio para o vermelho e o seu brilho, que nos diz o tempo decorrido desde a sua explosão. Um simples espetro dá-nos o comprimento de onda, que é semelhante ao desvio Doppler. O brilho é medido quando a supernova atinge o brilho máximo.

A Figura A.3 mostra a curva de luz de uma SN Ia típica. Uma vez que a SN explode, ela começa a brilhar à medida que sua fotosfera se expande. A luminosidade de um corpo é proporcional à sua área de superfície. Eventualmente, as camadas exteriores da atmosfera da SN começam a diluir-se à medida que esta se expande, o que é análogo ao movimento da fotosfera para o interior. Quando isto começa, a SN começa a desvanecer-se. A taxa de desvanecimento seria na verdade mais rápida do que a observada se não fosse o facto de alguma luminosidade ser derivada do decaimento de espécies radioactivas na concha de gás em expansão que forma o remanescente da supernova. A curva de luz da supernova mostrada na Figura A.3 ilustra que uma grande quantidade de informação está contida na curva de luz. No entanto, é no pico de brilho que desejamos fazer a nossa medição da luminosidade da SN para determinar a sua distância.

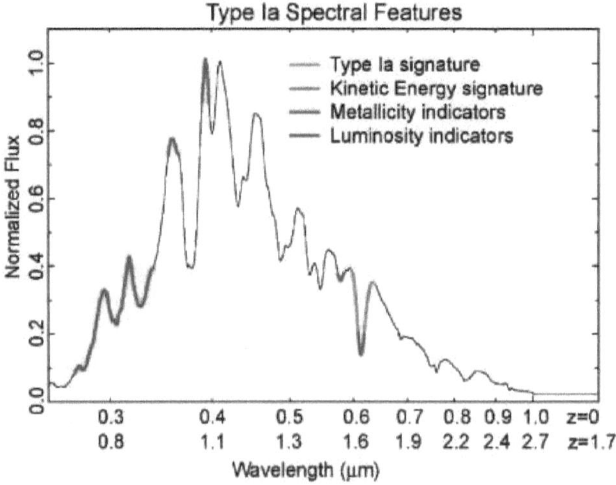

Figura A.1: Características espectrais de uma SN Ia; usamo-las para determinar a expansão do universo. (Cortesia LBL)

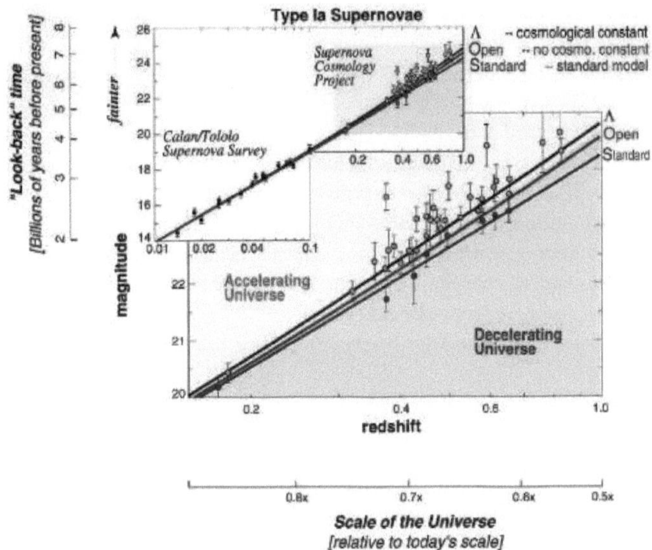

Figura A.2: Diagrama de Hubble apresentado pelo Supernova Cosmology Project anunciando a descoberta da energia escura. Os pontos de dados são comparados com três modelos cosmológicos diferentes. Os dados são mais consistentes com o modelo Λ, que sugere que a energia escura é uma força repulsiva constante que preenche todo o espaço. (Cortesia LBL)

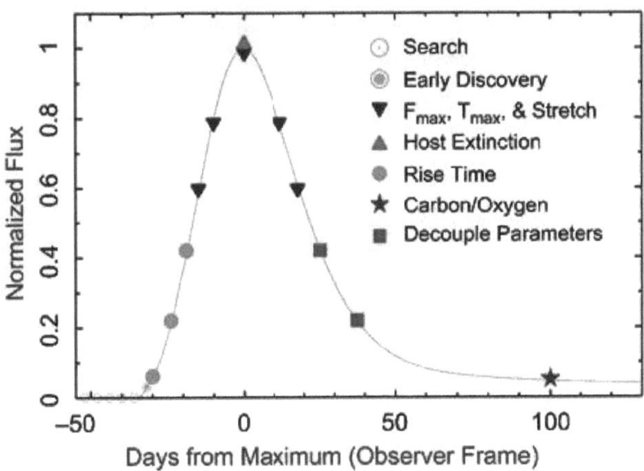

Figura A.3: Curva de luz e pico de brilho da SN Ia; usamo-lo para encontrar a distância e o tempo. (Cortesia LBL)

A.2 Lente fraca gravitacional

A lente gravitacional fraca permite-nos estudar a história da expansão do universo e o crescimento da estrutura em grande escala no universo. Na relatividade geral, a presença de matéria (densidade de energia) pode curvar o espaço-tempo. Em consequência, a trajetória de um raio de luz no espaço pode ser deflectida por grandes concentrações de massa. Qualquer estrutura de massa que se interponha entre galáxias distantes e nós irá distorcer as formas aparentes das galáxias. A extensão da distorção depende do tamanho das concentrações de massa e das distâncias relativas. Estes efeitos são extremamente pequenos e só podem ser detectados através da média de muitas galáxias num campo de visão. Os alongamentos aparentes da forma da galáxia são paralelos à localização da massa projectada (Figura A.4). A informação sobre a profundidade dos desvios para o vermelho pode ser combinada com medições de lentes fracas para observar o crescimento da estrutura. A obtenção de centenas de desvios para o vermelho a partir de espetroscopia ótica é inviável. Em vez disso, são utilizados desvios para o vermelho "fotométricos". Ir para o espaço reduz a sistemática relacionada com as distorções atmosféricas.

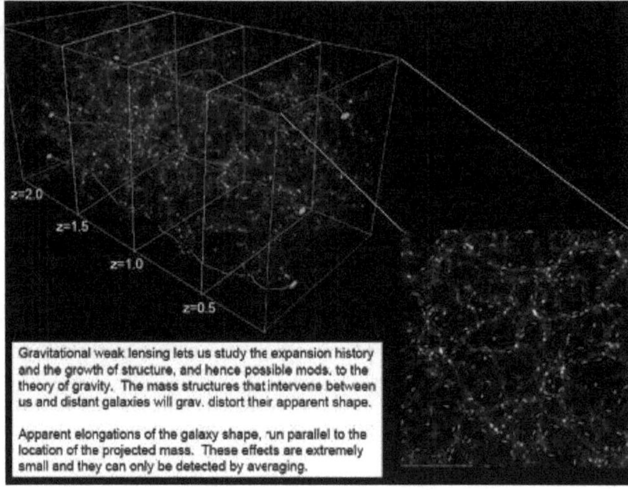

Figura A.4: Ilustração da lente gravitacional fraca. (Cortesia LBL)

PRO spotdither

;+

NOME:

;   SPOTdither

OBJECTIVO:

    Medir o sinal de um ponto (fotometria) e a sua forma (astrometria)

A fotometria é efectuada através de 3 métodos: 2dgaussfit, modelo bkgnd, sky

SEQUÊNCIA DE CHAMADA:

spotsig3d2,'fname','pname',pagex,pagey,osx1,osx2,x1,y1,limit,'outfile'

INPUTS fname: nome de ficheiro root

pname: o caminho do ficheiro

pagex: primeiro valor na sequência do ficheiro

pagey: último valor na sequência do ficheiro

osx1: primeira coluna de overscan a considerar

osx2: última coluna de overscan a considerar

limit: define o tamanho da região em torno do ponto para efetuar a integração ; outfile= um

ficheiro que contém o sinal total integrado e todos os elementos descritos no ;objetivo

'; HISTORIAL DE MODIFICAÇÕES:

Criado por Malek Abunaemeh & Hakeem Oluseyi

Última modificação em 23 de setembro de 2007

;

;(1)configuração da entrada, alterar a entrada aqui

;

fname='dither4scan';nome do ficheiro

pname='C:\malcom\IDL\ditherdata3\'; o caminho do ficheiro

fname2=pname+fname

pagex=01;primeiro valor na sequência do ficheiro

pagey=13;último valor na sequência do ficheiro

x1=1524;coordenada x do ponto

y1=612;coordenada y do ponto

limit=20; define o tamanho da região à volta do ponto para efetuar a integração

osx1=910;primeira coluna de overscan a considerar

osx2=1100;última coluna de overscan a considerar

pageall=4*(pagey-pagex+1)+1; número da sequência de ficheiros

outputdata=fltarr(13,(pageall))

outfile=fname+'_out.txt'

sky=fltarr(8); para o método sky

legovar=fltarr(3,3); gráfico lego 3x3

xsize=6.5;Especifica a largura x da saída gerada pela IDL

ysize=5.5;Especifica a altura y da saída gerada por IDL xoffset=.50

yoffset=.50

imagem reduzida=fltarr(52)

```
;
;(2) saída de configuração
;
FECHAR,1
OPENW,1,pname+outfile; abrir outfile
const=FLTARR(5,pageall) ;desvio constante gaussiano ampl=FLTARR(5,pageall) amplitude
gaussiana shakel_x=FLTARR(5,pageall) ;sigma-x shakel_y=FLTARR(5,pageall) ;sigma-y
centerx=FLTARR(5,pageall) centery=FLTARR(5,pageall) angle=FLTARR(5,pageall)
kuluh1=FLTARR(5,pageall) kuluh2=FLTARR(5,pageall) ;
;x centroide
;centroide y
;theta
;sinal total c/ película de sabão modelo bkgnd
;sinal total c/ céu bkgndangel=FLTARR(pageall)

;(3) abrir os ficheiros de dados, eliminar o ruído da eletrónica e efetuar as medições ;
cnter=0
FOR v= 1,4,1 Do Begin;for do (4)
FOR u= pagex, pagey, 1 DO BEGIN; for do (3)
boxnum=(((v-1)*13)+(u-1))
filename= STRING(fname2,v,u,format='(a37,i1,"_",i2.2,".fits")')
Image=READFITS(filename) ; converte o ficheiroimage.fits numa matriz sz=SIZE(Image) ;
mede o tamanho da imagem
y=sz[2]-1
ped=FLTARR(y+1)
reducedimg=FLOAT(imagem)
reducedimg[*,*]=0
FOR i=0,y DO BEGIN; para a subtração de varrimento
ped[i] = MEDIAN(image[osx1:osx2,i]) reducedimg[*,i]= FLOAT(image[*,i])-ped[i]
ENDFOR; para subtração de sobredigitalização
;(3) ajustar uma Gaussiana 2D ao ponto e integrar para obter o sinal ;
region=reducedimg[x1-limite:x1+limite,y1-limite:y1+limite] szr=SIZE(region)
yfit = MPFIT2DPEAK(region,a,mperror=err[*,boxnum])
;    a[0] Nível de base constante
;    a[1]        Valor de pico
;    a[2]        Meia-largura do pico (x) -- sigma gaussiano ou meia-largura a meio-máx.
;    a[3]        Meia-largura do pico (y) -- sigma gaussiano ou meia-largura a meio-máx.
;    a[4]        Centróide de pico (x)
;    a[5]        Centróide do pico (y)
;    a[6] Ângulo de rotação (radianos) se a palavra-chave TILT estiver definida
outputdata[0:6,boxnum]=a
outputdata[7,boxnum]=TOTAL(yfit)
fitted_image=GAUSS2DFIT(region,gfit)
const[v,u]=gfit[0]; offset
ampl[v,u]=gfit[1]; amplitude
shakel_x[v,u]=gfit[2];sigma x, largura da Gaussiana na direção x
```

```
shakel_y[v,u]=gfit[3];sigma y, largura da Gaussiana na direção y
centerx[v,u]=gfit[4];centroide x
centragem[v,u]=gfit[5];centro y
ângulo[v,u]=gfit[6];theta angl
;outputdata[11,*]=x1-limit,title=' posição-x'
;
;(4) var. interpixel para 3x3
;
FOR m=0,8,1 DO BEGIN; for m
a[1]=a[1]
intrapix=m
se (m GE 3) e (m LT 6)então intrapix = m+13
SE m GE 6 então intrapix = 23+m
for mm=(intrapix+3),(intrapix+9),3 DO BEGIN; for mm a[1]=a[1]+outputdata[8,mm]
ENDFOR; para mm
IF m LE 2 THEN legovar[3+m]=TOTAL(a[1])/1.228e5
SE (m GT 2) E (m lt 6) ENTÃO legovar[11-m] = TOTAL(a[1])/1.228e5
IF m GE 6 THEN legovar[m-6] = TOTAL(a[1])/1.228e5
ENDFOR;for m print,'legovar', legovar
;
(5) Calcular o fundo mantendo constantes os pixéis da fronteira e apontando para o interior da
região. O bkgnd inferido é então subtraído da matriz original. O resultado é uma matriz
FLOAT. Note que, por definição, os pixels de borda da imagem resultante serão todos zero.
Este processo assume que os pixéis de fronteira não contêm informação sobre a caraterística
de interesse.
;
diagonal = SQRT((2*limite)^2)
b = FLOAT(região)
volume = TOTAL(b)
maxval = MAX(b)
precisão = 1e-6
iteração = 0
REPETIR INÍCIO
temp2 = b
PARA k = 1,diagonal DO BEGIN
temp1=SMOOTH(b,3)
b=SMOOTH(temp1,3)
iteração=iteração+2
ENDFOR
diff = TOTAL(temp2-b)/volume
PRINT,iteração, "iterações ; diff =",diff
ENDREP UNTIL ABS(diff) LT precisão
PRINT, "A subtração de fundo convergiu em",iteração," iterações".
ponto = FLOAT(região)
ponto = FLOAT(ponto) - b
kuluh1[v,u]=TOTAL(spot)
```

```
outputdata[8,boxnum]=TOTAL(região-b)
;
(6) Calcular o fundo utilizando o método do céu
;
bkg1 = MEDIAN(região[0,*])
bkg2 = MEDIAN(região[2,*])
bkg3 = MEDIAN(região[*,0])
bkg4 = MEDIAN(região[*,2])
bkg5 = MEDIAN(região[*,2*limite-1])
bkg6 = MEDIAN(região[*,2*limite-3])
bkg7 = MEDIAN(região[2*limite-1,*])
bkg8 = MEDIAN(região[2*limite-3,*])
céu = (bkg1+bkg2+bkg3+bkg4+bkg5+bkg6+bkg7+bkg8)/8
kuluh2[v,u] = TOTAL(região)-szr[4]*sky
ENDFOR; (3)fim do ciclo de análise
Fim para;(4)
;stop
;(7) escrever os resultados num ficheiro de saída
;
printf, 1, 'Imagem #/ termo constante/ fator de escala/ largura de G em x/ largura de G em y/
centro em x/ centro em y/ rotação CCW/ método do céu/ relaxamento de pontos/ legovar'
cnt=1
for k=1,4 do begin
for j=pagex,pagey do begin; for j loop1
PRINTF,1,cnt,const[k,j],ampl[k,j],shakel_x[k,j],shakel_y[k,j],centerx[k,j],centery[k,j],an
gle[k,j],kuluh1[k,j],kuluh2[k,j], $
format='(I4.2, "/", e13.6, "/", e13.6, "/", e13.6, "/", e13.6, "/", e13.6, "/", e13.6, "/", e13.6, "/",
e13.6, "/", e13.6, "/", e13.6, "/", e13.6, "/", e13.6, " /", i2.2)'
cnt=cnt+1 endfor; for j loop1 endfor; for k loop
set_plot,'ps'    ; ***
dispositivo,nome do ficheiro='dither4scanplot222.ps',xsize=16,ysize=16,xoffset=2,yoffset=2,
bits=8,/color;*** !p.multi=[0,2,2]
print,'aaa',centerx(1:*),centery(1:*); imprime os valores do centróide
print,'variação',legovar; imprime os valores de variação\ ;
;plot2 centroide
;
ii=onde(centerx ne 0)
ajuda,ii
centerx[ii]=centerx[ii]+x1-limit
centery[ii]=centery[ii]+y1-limit
;iPLOT,centerx[ii],centery[ii], sym_index=7, linestyle=6,sym_size=10,Y_ERRORBARS = 1,
YERROR = shakel_y[ii]/4, x_ERRORBARS = 1, xERROR = shakel_x[ii],COLOR = [0, 0,
255], $ ERRORBAR_COLOR = [255, 0, 0], title='2.posições do centróide (x,y) em grande
plano com barras de erro', xtitle='centro em x',ytitle='centro em y com barras de erro',
ERRORBAR_CAPSIZE =.25 ;iPLOT,centerx[ii],centery[ii],
sym_index=4,linestyle=6,sym_size=10,Y_ERRORBARS= 1, YERROR = hakel_y[ii]/4,$ ;
```

x_ERRORBARS = 1, xrange=[15,25],yrange=[15,25], xERROR = hakel_x[ii], $ COLOR = [255, 0, 255],ERRORBAR_COLOR = [255, 0, 0], $; title='2.posições centroid$ (x,y)', xtitle='centro em x',ytitle='centro em y',ERRORBAR_CAPSIZE = 0.25
;
;trama 3
;
ii=onde(centerx ne 0)
ajuda,ii
iPLOT,centerx[ii],centery[ii],shakel_x[ii],xtitle='centerx',yititle='centery',ztitle='sigma x', sym_index=4,linestyle=6,sym_size=10,Y_ERRORBARS = 1, YERROR =shakel_y[ii]/4, x_ERRORBARS = 1, XERROR = shakel_x[ii],COLOR = [255, 0, 55], ERRORBAR_COLOR = [255, 0, 0], title='3a, sigma x vs. posições do centróide (x,y)', ERRORBAR_CAPSIZE = 0.25
iPLOT, centerx[ii], centery[ii], shakel_y[ii], xtitle='centerx', yititle='centery', $ ztitle='sigma y', sym_index=4,linestyle=6,sym_size=10,Y_ERRORBARS = 1, YERROR = shakel_y[ii]/4,$ x_ERRORBARS = 1, xERROR = shakel_x[ii],COLOR = [255, 0, 255],ERRORBAR_COLOR = [255, 0, 0], title='3b, sigma y vs. posições do centróide $ (x,y)',ERRORBAR_CAPSIZE = 0.25
;
;trama 4
;
;iPLOT,centerx[ii],centery[ii], angle[ii], sym_index=4, linestyle=6, sym_size=.5, Y_ERRORBARS = 1, YERROR = shakel_y[ii], x_ERRORBARS = 1, xERROR = shakel_x[ii], COLOR = [255, 0, 255], ERRORBAR_COLOR = [255, 0, 0], title='4.theta versus posições do centróide ', xtitle='centro x',ytitle='centro y',ztitle='engle', ERRORBAR_CAPSIZE = 0.25
;
Gráfico 5, largura da gaussiana versus relaxação pontual
;
;iplot, centerx[ii],kuluh2[ii],title='5a largura da Gaussiana em x vs relaxação pontual',$
;xtitle='sigamx', ytitle='relaxação pontual',sym_index=2,sym_size=10,linestyle=6
;iplot, shakel_y[ii],kuluh2[ii],title='5b largura da Gaussiana em y vs relaxação pontual',$
;xtitle='sigamy', ytitle='relaxação pontual',sym_index=2,sym_size=10,/lego ;
;trama 6, trama lego da região
;
isurface, region, charsize=6,style=5,title='6.Lego plot of the region', max_value=500, az=30
isurface, region, charsize=6,style=5,zrange=[1,650],title='6a.Lego plot of the region', max_value=500, az=30 ;
Lote 7, Lote Lego do Método do Sabão
;
isurface, b,style=5,title='gráfico 7. gráfico lego do método soap', max_value=500, az=30 ;
;plot8
;
isurface, (região-b),charsize=6,style=5,title='região menos sabão'
;
;plot9,

```
;
isurface, yfit,charsize=4,style=6,title='plot9. lego plot of the spot',/overplot
;
;trama 10
;
isurface, legovar,style=5,title='10. Gráfico Lego da variação da sensibilidade intra-pixel',
max_value=500, az=30
isurface, legovar,style=6,title='10b. Gráfico Lego sombreado da sensibilidade intra-pixel
variação", max_value=500, az=30
dispositivo,/close ;***
CLOSE,1; fechar ficheiro externo
FIM
```

```
PRO spotedgescan
;+
NOME:
;    spotedgescan
OBJECTIVO:
    Medir o sinal de um ponto (fotometria) e a sua forma (astrometria)
ENTRADAS
Fotometria enquanto se move em direção à borda do CCD.
SEQUÊNCIA DE CHAMADA:
spotsig3d2,'fname','pname',pagex,pagey,osx1,osx2,x1,y1,limit,'outfile'
fname: nome do ficheiro raiz
pname: o caminho do ficheiro
pagex: primeiro valor na sequência do ficheiro
pagey: último valor na sequência do ficheiro
osx1: primeira coluna de overscan a considerar
osx2: última coluna de overscan a considerar
limite: define o tamanho da região em torno do ponto para efetuar a integração
;OUTPUTS:
;    outfile= um ficheiro que contém o total integrado
;    sinal e tudo o que está descrito no objetivo ; HISTÓRICO DAS MODIFICAÇÕES:
; Criado por Malek Abunaemeh & Hakeem Oluseyi ;; Última modificação em 23/10/2007
;
;(1)configuração da entrada, alterar a entrada aqui ;
fname='edgescan_';nome do ficheiro
pname='C:\malcom\IDL\edgescan\'; o caminho do ficheiro fname2=pname+fname
pagex=01;primeiro valor na sequência do ficheiro pagey=152;último valor na sequência do
ficheiro level = FLTARR(pagey-pagex+2) peakvalue = FLTARR(pagey-pagex+2) ax =
FLTARR(pagey-pagex+2) ay = FLTARR(pagey-pagex+2) x1=1730
x2=1790
y1=500
y2=515
ax[0]=0
ay[0]=0
limit=20; define o tamanho da região à volta do ponto para efetuar a integração
osx1=900;primeira coluna de overscan a considerar
osx2=1120;última coluna de overscan a considerar
pageall=(pagey-pagex+1)+1; número da sequência de ficheiros
outputdata=fltarr(8,(pageall))
outfile=fname+'_out.txt' ;
;(2) saída de configuração ;
FECHAR,1
OPENW,1, pname+outfile; abrir outfile
```

```
const=FLTARR(pageall) ;Desvio da constante gaussiana
ampl=FLTARR(pageall) ;amplitude gaussiana
shakel_x=FLTARR(pageall) ;sigma-x
shakel_y=FLTARR(pageall) ;sigma-y
centerx=FLTARR(pageall) ;centroide x
centery=FLTARR(pageall) ;y centroid angle=FLTARR(pageall) ;theta ;
;(3) abrir os ficheiros de dados e eliminar os ruídos electrónicos ;
FOR u= pagex, pagey, 1 DO BEGIN; for do (3)
filename = fname2+STRING(STRCOMPRESS(u,/REMOVE_ALL))+".fits"
image=READFITS(filename); converter o ficheiroimage.fits numa matriz sz=SIZE(image) ;
medir o tamanho da imagem
y=sz[2]-1
ped=FLTARR(y+1) img=FLOAT(imagem) img[*,*]=0
FOR i=0,y DO BEGIN
ped[i] = MEDIAN(image[osx1:osx2,i]) img[*,i]= FLOAT(image[*,i])-ped[i]
ENDFOR
;

;(4) subtrair a crista ajustar uma gaussiana 2d ao ponto e integrar para obter o sinal
;
região = img[x1:x2,y1:y2]
region1 = img[x1:x2,y1+15:y2+15]
região = (região-região1)+40
szr=SIZE(região)
largura = szr[1]
valor de pico[u] = MAX(região,J)
ax[u] = x1 + (J MOD largura)
ay[u] = y1 + (J/largura)
PRINT,"
PRINT,'Ficheiro =',fname,u
PRINT,'spot-x =',ax[u]
PRINT,'spot-y =',ay[u]
PRINT,'largura =',largura
PRINT,'maxval =',peakvalue[u]
ponto = FLTARR(2*limite,2*limite)
spot = img[ax[u]-limite:ax[u]+limite,ay[u]-limite:ay[u]+limite]
newfitted_image=mpfit2dpeak(spot,gfit)
;fitted_image=GAUSS2DFIT(spot,gfit)
const[u]=gfit[0]; desvio
ampl[u]=gfit[1]; amplitude
shakel_x[u]=gfit[2];sigma x
shakel_y[u]=gfit[3];sigma y
centerx[u]=gfit[4];centroide x
centragem[u]=gfit[5];centro y
ângulo[u]=gfit[6];ângulo theta
ENDFOR; (3) fim do ciclo de análise
;
```

```
;(5) escrever os resultados num ficheiro de saída
;
printf, 1, 'Imagem #/ termo constante/ fator de escala/ largura de G em x/ largura de G em y/
centro em x/ centro em y/ rotação CCW'
cnt=1
for j=pagex,pagey do begin; for j loop1
PRINTF,1,cnt, const[j],ampl[j],shakel_x[j],shakel_y[j],centerx[j],centery[j],angle[j], $
format='(I4.2, "/", e13.6, "/", e13.6, "/", e13.6, "/", e13.6, "/", e13.6, "/", e13.6, "/", e13.6, "/",
e13.6)'
cnt=cnt+1
endfor; for j loop1
CLOSE,1; fechar ficheiro externo
FIM
```

APÊNDICE D
FERRAMENTA DE SOFTWARE: DIFUSÃO LATERAL
MEDIÇÃO

pro stability,fname,pname,startnum,endnum,osx1,osx2,x1,x2,y1,y2

+

NOME:

ESTABILIDADE

OBJECTIVO:

Para integrar o nível de uma imagem pontual numa série de imagens.

SEQUÊNCIA DE CHAMADA:

STABILITY,'fname','pname',startnum,endnum,osx1,osx2,x1,x2,y1,y2

ENTRADAS:

fname = nome do ficheiro raiz

pname = caminho para o ficheiro

startnum = primeiro número na sequência do ficheiro

endnum = último número na sequência do ficheiro

osx1 = primeira coluna de sobredigitalização

osx2 = última coluna de sobredigitalização

x1,x2,y1,y2 = região da mancha

SAÍDAS:

Um ficheiro que lista o sinal integrado total em cada imagem pontual.

Sub-imagens do ponto.

HISTORIAL DE MODIFICAÇÕES:

Criado por Hakeem Oluseyi & Malek abunaemeh 2 de agosto de 2006

(1) Inicializar as variáveis de saída

;

nível = FLTARR(endnum-startnum+2)

peakvalue = FLTARR(endnum-startnum+2)

ped = FLTARR(endnum-startnum+2)

avg = FLTARR(endnum-startnum+2)

ax = FLTARR(endnum-startnum+2)

ay = FLTARR(endnum-startnum+2)

nível[0]=0

valor de pico[0]=0

ped[0]=0

avg[0]=0

ax[0]=0

ay[0]=0;

(2) Iniciar o ciclo de análise de imagem. Ler o ficheiro u e subtrair o pedestal linha a linha utilizando a região de sobredigitalização definida pelo utilizador osx1 -> osx2

;

FOR u = startnum,endnum DO BEGIN

filename = fname+STRING(STRCOMPRESS(u,/REMOVE_ALL))+".fits"

im=READFITS(pname+filename)

```
sz = SIZE(im)
y = sz[2]-1
img = FLOAT(im)
img[*] = 0
ped[u] = MEDIAN(im[osx1:osx2,y1:y2])
img[*] = FLOAT(im[*])-ped[u]
;
```

(3) Definir a região onde se encontra a mancha, localizando o pixel com o valor de pico dentro da região e criando uma região de +-10 pixéis à volta do pixel de pico. Registar as coordenadas do píxel de pico.

```
;
região = img[x1:x2,y1:y2]
regsz = SIZE(região)
largura = regsz[1]
valor de pico[u] = MAX(região,J)
ax[u] = J MOD largura
ay[u] = J/largura
PRINT,'x(max) =',ax[u]
PRINT,'y(max) =',ay[u]
PRINT,'largura =',largura
PRINT,'maxval =',peakvalue[u]
ponto = FLTARR(20,20)
spot = região[ax[u]-10:ax[u]+10,ay[u]-10:ay[u]+10]
;
```

(4) Calcule o fundo mantendo os pixéis da fronteira constantes e fazendo o realce de pontos no interior da região. O bkgnd inferido é então subtraído da matriz original. O resultado é uma matriz FLOAT. Note que, por definição, os pixels de borda da imagem resultante serão todos zero. Este processo assume que os pixeis da fronteira não contêm informação sobre a caraterística de interesse.

```
;
altura = 20
bkg1 = MEDIAN(spot[1,*])
bkg2 = MEDIAN(spot[3,*])
bkg3 = MEDIAN(spot[*,1])
bkg4 = MEDIAN(spot[*,3])
bkg5 = MEDIAN(ponto[*,altura-2])
bkg6 = MEDIAN(ponto[*,altura-4])
céu = (bkg1+bkg2+bkg3+bkg4+bkg5+bkg6)/6 ;
```

(5) Calcular o sinal total integrado na mancha com subtração de fundo. Obter também o valor de pico, o valor mediano e as coordenadas do píxel de pico.

```
level[u] = TOTAL(spot)-(400*sky) peakvalue[u] = MAX(spot)-sky avg[u] = MEDIAN(spot)-sky
ENDFOR
;
;(6) Abrir um ficheiro e escrever os valores determinados em (5). Feche o ficheiro quando terminar;
```

```
OPENW,1,pname+fname+"_spotlevel.txt"
FOR i = startnum,endnum DO BEGIN
PRINTF,1,i,level[i],peakvalue[i],ax[i],ay[i]
ENDFOR
FECHAR,1
PRINT,'Criado ',pname+fname+"_spotlevel.txt"
FIM
```

FERRAMENTA DE SOFTWARE:COMPARAÇÃO DE DITHER/PHASE DITHER

```
PRO phaseana
;+
NOME:
;    faseana
OBJECTIVO:
     Dados de análise de bordos de uma mancha (fotometria) e da sua forma (astrometria)
ENTRADAS
A fotometria é efectuada através de 3 métodos: 2dgaussfit, modelo bkgnd, sky CALLING
SEQUENCE:
spotsig3d2,'fname','pname',pagex,pagey,osx1,osx2,x1,y1,limit,'outfile'
fname: nome do ficheiro raiz
pname: o caminho do ficheiro
pagex: primeiro valor na sequência do ficheiro
pagey: último valor na sequência do ficheiro
coordenada x do ponto
coordenada y do ponto
osx1: primeira coluna de overscan a considerar
osx2: última coluna de overscan a considerar
limite: define o tamanho da região em torno do ponto para efetuar a integração
;OUTPUTS:
;    outfile= um ficheiro que contém o total integrado
;    sinal e tudo o que está descrito no objetivo ; HISTÓRICO DAS MODIFICAÇÕES:
Criado por Malek Abunaemeh & Hakeem Oluseyi
;    Última modificação em 30 de setembro de 2007
;
;(1)configuração da entrada, alterar a entrada aqui
;
fname='phase';nome do ficheiro
pname='C:\malcom\IDL\phasedata\'; o caminho do ficheiro
fname2=pname+fname
pagex=01;primeiro valor na sequência do ficheiro
pagey=08;último valor na sequência de ficheiros
x1=1525;coordenada x do ponto
y1=609;coordenada y do ponto
ispot=[x1,y1];estimativa inicial da localização do ponto
limit=20; define o tamanho da região à volta do ponto para efetuar a integração
osx1=910;primeira coluna de overscan a considerar
osx2=1100;última coluna de overscan a considerar
pageall=3*(pagey-pagex+1)+1; número da sequência de ficheiros
outputdata=fltarr(8,(pageall))
outfile=fname+'Phseout.txt'
med2pages=fltarr(1,(pageall-1))
```

```
medpages=fltarr(1,(pageall-1))
spotplot=fltarr((limite+1)*2,(limite+1));
sky=fltarr(8); para o método sky
err=fltarr(7,(pageall-1))
legovar=fltarr(3,3); gráfico lego 3x3
legovarall=fltarr(8,4);gráfico lego para todos os 53 pontos
xsize=6.5
ysize=5.5
xoffset=.50
yoffset=.50
;page_width=10
;page_hight=10
imagem reduzida=fltarr(52)
;
;(2) saída de configuração ;
FECHAR,1
OPENW,1,pname+outfile; abrir outfile
const=FLTARR(5,pageall) ;desvio constante gaussiano ampl=FLTARR(5,pageall) ;amplitude
gaussiana
shakel_x=FLTARR(5,pageall) ;sigma-x
;x centroide
;centroide y
;theta
;sinal total c/ película de sabão modelo bkgnd
;sinal total c/ céu bkgndangel=FLTARR(pageall)

shakel_y=FLTARR(5,pageall) ;sigma-y centerx=FLTARR(5,pageall)
centery=FLTARR(5,pageall) angle=FLTARR(5,pageall) kuluh1=FLTARR(5,pageall)
kuluh2=FLTARR(5,pageall) ;
(3) abrir os ficheiros de dados, eliminar o ruído eletrónico e efetuar medições
;
cnter=0
FOR u= pagex, pagey, 1 DO BEGIN; for do (3)
FOR v= 1,3,1 Do Begin;for do (4)
boxnum=(((v-1)*8)+(u-1))
filename= STRING(fname2,v,u,format='(a31,i1,"_",i2.2,".fits")')
image=READFITS(strtrim(filename,2)) ; converte o ficheiroimage.fits numa matriz
sz=SIZE(Image) ; mede o tamanho da imagem
y=sz[2]-1
ped=FLTARR(y+1)
reducedimg=FLOAT(imagem)
reducedimg[*,*]=0
result=bytscl(image);,min=mn,max=mx)
WRITE_JPEG, pname+'PreOverScan.jpg', resultado
FOR i=0,y DO BEGIN
ped[i] = MEDIAN(image[osx1:osx2,i]) reducedimg[*,i]= FLOAT(image[*,i])-ped[i]
```

```
ENDFOR
WRITE_JPEG, pname+'PostOverScan.jpg', reducedimg
;
(4) ajustar uma gaussiana 2d ao ponto e integrar para obter o sinal
;
region=reducedimg[x1-limite:x1+limite,y1-limite:y1+limite]
szr=SIZE(região)
;region=congrid(region,(limit*2)+2,(limit*2)+2)
;limit=limit*2
yfit = MPFIT2DPEAK(region,a,mperror=err[*,boxnum])
fitted_image=GAUSS2DFIT(region,gfit)
const[v,u]=gfit[0]; offset
ampl[v,u]=gfit[1]; amplitude
shakel_x[v,u]=gfit[2];sigma x
shakel_y[v,u]=gfit[3];sigma y
centerx[v,u]=gfit[4];centroide x
centragem[v,u]=gfit[5];centro y
ângulo[v,u]=gfit[6];theta angl
;outputdata[11,*]=x1-limit,title=' posição-x'
;
;(5)interpixel var para 3x3
;
FOR m=0,8,1 DO BEGIN; for m
a[1]=a[1]
intrapix=m
;se (m GE 3) e (m LT 6)então intrapix = m+13
Se m GE 6 então intrapix = 23+m
for mm=(intrapix+3),(intrapix+9),3 DO BEGIN; for mm
a[1]=a[1]+outputdata[7,mm]
ENDFOR; para mm
IF m LE 2 THEN legovar[3+m]=TOTAL(a[1])/3
SE (m GT 2) E (m lt 6) ENTÃO legovar[11-m] = TOTAL(a[1])/3
IF m GE 6 THEN legovar[m-6] = TOTAL(a[1])/3
ENDFOR;para m
;iplot,ispot[1,*],/overplot,sym_index=2,sym_size=10
;if cnter eq 0 then begin
;    iplot,
outputdata[7,bxnum],outputdata[8,bxnum],title='aaaaa',sym_index=2,sym_size=10,$
;    xrange= outputdata[7,boxnum]+[-10,10],yrange=outputdata[8,bxnum]+[-10,10]
;endif else      iplot,
outputdata[7,bxnum],outputdata[8,bxnum],/overplot,sym_index=2,sym_size=10
;    oplot, outputdata[7,bxnum],outputdata[8,bxnum]
;    print,outputdata[7,bxnum],outputdata[8,bxnum]
;stop
cnter=1
;
```

;
(6) Calcular o fundo mantendo constantes os pixéis da fronteira e apontando para o interior da região. O bkgnd inferido é então subtraído da matriz original. O resultado é uma matriz FLOAT. Note que, por definição, os pixels de borda da imagem resultante serão todos zero. Este processo assume que os pixéis de fronteira não contêm informação sobre a caraterística de interesse.
;

```
ajuda,dados de saída,número da caixa
diagonal = SQRT((2*limite)^2)
b = FLOAT(região) volume = TOTAL(b)
maxval = MAX(b)
precisão = 1e-6
iteração = 0
REPETIR INÍCIO
temp2 = b
FOR k = 1,diagonal DO BEGIN temp1=SMOOTH(b,3) b=SMOOTH(temp1,3)
iteration=iteração+2
ENDFOR
diff = TOTAL(temp2-b)/volume
PRINT,iteração, "iterações ; diff =",diff
ENDREP UNTIL ABS(diff) LT precisão
PRINT, "A subtração de fundo convergiu em",iteração," iterações." spot = FLOAT(região)
ponto = FLOAT(ponto) - b
kuluh1[v,u]=TOTAL(spot)
outputdata[7,boxnum]=TOTAL(região-b)
;
(7) Calcular o fundo utilizando o método do céu;
bkg1 = MEDIAN(região[0,*])
bkg2 = MEDIAN(região[2,*])
bkg3 = MEDIAN(região[*,0])
bkg4 = MEDIAN(região[*,2])
bkg5 = MEDIAN(região[*,2*limite-1])
bkg6 = MEDIAN(região[*,2*limite-3])
bkg7 = MEDIAN(região[2*limite-1,*])
bkg8 = MEDIAN(região[2*limite-3,*])
céu = (bkg1+bkg2+bkg3+bkg4+bkg5+bkg6+bkg7+bkg8)/8
kuluh2[v,u] = TOTAL(região)-szr[4]*sky
ENDFOR; (3)fim do ciclo de análise
Fim para;(4)
;
;(8) escrever os resultados num ficheiro de saída
;
printf, 1, 'Imagem #/ termo constante/ fator de escala/ largura de G em x/ largura de G em y/ centro em x/ centro em y/ rotação CCW/ método do céu/ relaxamento de pontos'
cnt=1
```

for k=1,4 do begin
for j=pagex,pagey do begin; for j loop1
PRINTF,1,cnt,const[k,j],ampl[k,j],shakel_x[k,j],shakel_y[k,j],centerx[k,j],centery[k,j],angle[k,j], kuluh1[k,j],kuluh2[k,j], $
format='(I4.2, "/", e13.6, "/", e13.6, "/", e13.6, "/", e13.6, "/", e13.6, "/", e13.6, "/", e13.6, "/", e13.6, "/", e13.6, "/", e13.6, "/", e13.6, "/", e13.6, " /", i2.2)' cnt=cnt+1 endfor; for j loop1 endfor; for k loop
set_plot,'ps'   ; ***
device,filename='phaseplot222.ps',xsize=16,ysize=16,xoffset=2,yoffset=2, bits=8,/color
!p.multi=[0,2,2] print,'aaaaaaaaaaaaaaa',centerx(1:*),centery(1:*) print,'variation',legovar
; dispositivo,/close ;***
CLOSE,1; fechar ficheiro externo
FIM

REFERÊNCIAS

Aldering, G., et al., 2002, "Overview of the SuperNova/Acceleration Probe (SNAP)," Proc. SPIE 4835, 146.

Aldering, G., et al., 2004, "Supernova/Acceleration Probe: A Satellite Experiment to Study the Nature of the Dark Energy," astro.ph.5232S.

Bebek, C., Groom, D., Holland, S., Karchar, A., Kolbe, W., Levi, M., Palaio, N., Turko, B., Uslenghi, M., Wagner, M., Wang, G., 2002, "Proton Radiation Damage in High-Resistivity n-type Silicon CCDs", Proceedings SPIE 4669, 161.

Bebek, C., Groom, D., Holland, Karcher, A., Kolbe, W., Lee, J., Levi, M., Palaio, N., Turko, B., Uslenghi, M., Wagner, M., Wang, G., 2002, "Proton Radiation Damage in p-Channel CCDs Fabricated On High-Resistivity Silicon", IEEE Trans. Nucl. Sci. 49, 1221.

Bernstein, G., Jain, B., 2004, "Dark Energy Constraints from Weak-Lensing Cross-Correlation Cosmography". The Astrophysical Journal 600, 17.

Boër, K. W., 2002, "Photoconductivity" in *Survey of Semiconductor Physics,* John Wiley & Sons Inc., New York, pp. 267-328.

Boyle, W.S., Smith, G.E., 1969, "Charge Coupled Devices", Bell Syst. Tech. J. 48, 1481

Colgate, S. A., 1979, "Supernovae as a Standard Candle for Cosmology," The Astrophysical Journal 232, 404.

Fairfield, J., Groom, D., Bailey, S., Bebek, C., Holland, S., Karcher, A., Kolbe, W., Lorenzon, W., Roe, N., 2006, "Improved Spatial Resolution in Thick, Fully Depleted CCDs with Enhanced Red Sensitivity", IEEE Trans. Nucl. Sci. 53 (6), 3877.

Fruchter, A., Hook, R., 2002, "Drizzle: A Method for the Linear Reconstruction of Undersampled Images," Publications of the Astronomical Society of the Pacific 114, 144.

Groom, D., Eberhard, P., Holland, S., Levi, M., Palaio, M., Perlmutter, S., Stover, R., Wei, M., 1999, "Point-Spread Function in Depleted and Partially Depleted CCDs," 4th ESO Workshop on Optical Detectors for Astronomy, 205-216.

Groom, D., Holland, S., Levi, M., Palaio, N., Perlmutter, S., Stover, R., Wei, M., 1999, "Quantum Efficiency of a Back-Illuminated CCD Imager: An Optical Approach", Proceedings SPIE 3649, 80.

Holland, S., 1989, "Fabrication of Detectors and Transistors on High-Resistivity Silicon", Nucl. Instrum. Methods Phys. Res. A, Accel. Spectrom. Detect. Assoc. Equip. 275, 537.

Holland, S., Levi, M., Palaio, N., Perlmutter, S., Stover, R., Wei, M., 1997, "Development of Back- Illuminated, Fully-Depleted CCD Image Sensors for use in Astronomy and Astrophysics," in Proc. 1997 IEEE Workshop on Charge-Coupled-Devices and Advanced Image Sensors, Bruges, Bélgica, 5-7 de junho de 1997, pp. R26-1-R26-4.

Holland, S., Groom, D., Palaio, N., Stover, R., e Wei, M., 2003, "Fully Depleted, Back-Illuminated Charge-Coupled Devices Fabricated on High-Resistivity Silicon," IEEE Transactions on Electronic Devices 50 (3), 225.

Jorden, P., Deltorn, J., Oates, A., 1994, "The Non-uniformity of CCDs and the Effects of Spatial Undersampling", Proceedings SPIE 2198, 836.

Karcher, A., Bebek, C., Kolbe, W., Maurath, D., Prasad, V., Uslenghi, M., Wagner, M., 2003, "Measurement of Lateral Charge Diffusion in Thick, Fully Depleted, Back-illuminated CCDs", IEEE Trans. Nucl. Sci. 51 (5), 1513.

Karoff, C., 2005, "Improving the Accuracy of Space-based Photometry - Intra-pixel structure," Tese de Mestrado, Universidade de Aarhus.

Kavaldjiev, D., Ninkov, Z., 1998, "Subpixel Sensitivity Map for a Charge Coupled Device Sensor", Optical Engineering, 37(3), 948

Lauer, T., 1999, "Combining Undersampled Dithered Images," Publications of the Astronomical Society of the Pacific 111, 227.

Lind, T., Reich, R., McGonagle, W., Kosicki, B., 1999, "Intrapixel Response Test System for Multispectral Characterization", Proceedings SPIE 3649, 232.

Marshall, C., Marshall, P., Wacynski, A., Polidan, E., Johnson, S., Campbell, A., 2004, "Comparisons of the Proton Induced Dark Current and Charge Transfer Efficiency Responses of n- and p-channel CCDs", Proceedings SPIE 5499, 542.

Nguyen, T., Oluseyi, H. M., 2005, "CCD Phase Dithering: A New Way to Dither", Investigação Física Sénior, Universidade do Alabama em Huntsville.

Oluseyi, H.M., et al., 2004a, "Characterization and Deployment of Large-format Fully Depleted Back-illuminated p-channel CCDs for Precision Astronomy," Proceedings SPIE 5570, 515.

Oluseyi, H.M., et al., 2004b, "LBNL Four-side Buttable CCD Package Development", Proceedings SPIE 5301, 87.

Oluseyi, H.M., Nikzad, S., Blacksberg, J., Hoenk, M.E., 2005, "Advanced Broadband Imager for EUV and FUV Studies with Exquisite Precision," Proceedings SPIE 5978, 387.

Oluseyi, H.M., Abunaemeh, M.A., Karcher, A., Malvoso, P., Roe, N.A., Rubin, D., Williamson, J.L., 2008, "CCD Phase Dithering: A New Technique for Acquiring Dithered Astrophysical Observations from Space," Publications of the Astronomical Society of the Pacific, manuscrito em preparação.

Perlmutter, S., et al., 1995, "A Supernova at $Z = 0.458$ and Implications for Measuring the Cosmological Deceleration," The Astrophysical Journal 440, 41.

Perlmutter, S., et al., 1999, "Constraining Dark Energy with Type Ia Supernovae and Large-Scale Structure", Physical Review Letters 83, 670.

Piterman, A., Ninkov, Z., 2000, "Measurements of the Subpixel Sensitivity of a Backside Illuminated CCD", Proceedings SPIE 3965, 289.

Piterman, A., Ninkov, Z., 2002, "Effect of Non-uniform CCD Pixel Sensitivity Variations on Measurement Accuracy", Optical Engineering 41(6), 1192.

Riess, A., et al., 1998, "Observational Evidence from Supernovae for an Accelerating Universe and a Cosmological Constant" The Astronomical Journal 116, 1009.

Stover, R.J., Wei, M., Lee, Y., Gilmore, D., Holland, S., Groom, D., Moses, W., Perlmutter, S., Goldhaber, G., Pennypacker, C., Wang, N., Palaio, N., 1997, "Characterization of a Fully Depleted CCD on High Resistivity Silicon", Proceedings SPIE 3019, 183.

Stover, R.J., Brown, W.E., Robinson, L.B., Gilmore, D.K., Wei, M., Lockwood, C., 2004, "Packaging Design for Lawrence Berkeley National Laboratory High Resistivity CCDs," Proceedings SPIE 5499, 58.

Tulloch, S., 1998, "The Measurement of Spatial Resolution in EEV4280 CCD Images," RGO Technical Note 118, 1.

Williamson J, Oluseyi H., Roe N., 2007, "Development of Charged-Coupled Devices for Precision Cosmology and the Supernova Acceleration Probe Satellite", The Journal of Young Investigators 17, 1182.

Wagner, M. T., 2002, "Development of an Automated, Multi-Filter Pinhole Projetor for CCD Testing", Tese de Mestrado, Universidade de Tecnologia de Karlsruhe.

Wester, W., et al., 2005, "Dark Energy Survey and Camera", Observing Dark Energy, Proceedings ASP 339, 152.

I want morebooks!

Buy your books fast and straightforward online - at one of world's fastest growing online book stores! Environmentally sound due to Print-on-Demand technologies.

Buy your books online at
www.morebooks.shop

Compre os seus livros mais rápido e diretamente na internet, em uma das livrarias on-line com o maior crescimento no mundo! Produção que protege o meio ambiente através das tecnologias de impressão sob demanda.

Compre os seus livros on-line em
www.morebooks.shop

Printed by Books on Demand GmbH, Norderstedt / Germany